JN451565

하체관리 전문 실습서

김유정 | 이혜진

구민사

하체관리 전문 실습서

초 판 인 쇄 | 2021년 2월 18일
초 판 발 행 | 2021년 2월 28일

저 자 | 김유정 · 이혜진
발 행 인 | 조규백
발 행 처 | 도서출판 구민사
| (07293)
| 서울특별시 영등포구 문래북로 116, 604호(문래동 3가 46, 트리플렉스)
전 화 | (02) 701-7421(~2)
팩 스 | (02) 3273-9642
홈 페 이 지 | www.kuhminsa.co.kr
신 고 번 호 | 제 2012-000055호(1980년 2월 4일)
I S B N | 979-11-5813-908-7(13590)
정 가 | 12,000원

머리말

한국의 뷰티산업은 글로벌 시장지위상승 및 수요증가로 지속적인 성장과 트렌드를 이끌어나가고 있습니다. 이에 따라 뷰티산업에서는 보다 높은 수준의 전문성 및 수준 높은 전문가를 요구하고 있습니다. 뷰티산업에서의 전문가는 올바른 지식과 경험을 가지고 고객 상담과 실기 테크닉을 수행 할 수 있어야 하기에 본 교재를 통해 이에 필요한 전문 지식을 제공하고자 합니다.

본 실습교재는 〈상체관리 전문 실습서〉와 〈가슴 · 복부 · 팔관리 전문 실습서〉에 이어 하체관리에 필수적으로 요구되는 전문 지식인 해부생리학적 지식과 뼈대와 근육 기관 등의 관련 이론 지식을 다루며, 하체관리 실습 위주의 수업을 진행할 수 있도록 에스테틱 자료와 실기 실습서를 제공하여 현장에서 인재 양성에 필요로 하는 실무 지식을 수행하는 데에 도움을 주고자 하였습니다.

이에 지원과 도움을 주신 구민사 조규백 사장님과 편집 선생님들께 감사의 마음을 전합니다.

저자 씀

목 차

CHAPTER

01

인체의 기본 구조

1) 세포의 정의

2) 세포의 구조

3) 세포분열

4) 세포의 발생

01 인체의 기본 구조

01 세포의 정의

인체는 기본 구성 단위인 세포(cell)로 이루어져 있다. 모든 살아있는 생명체는 세포로 이루어져 있으며, 크기가 매우 작기 때문에 맨 눈으로는 관찰을 할 수가 없다. 그러나 네덜란드의 안경 상인이 현미경을 발명한 이후부터는 작은 물질에 대한 관찰과 세포에 대한 연구가 가능하였다.

세포는 인체를 비롯한 생물체의 구성과 기능, 그리고 유전상의 기본이 되며, 생물의 대사, 성장과 분열, 운동 등을 일으킨다. 세포는 세포막, 세포질, 핵의 세 부분으로 이루어져 있다. 세포막은 세포를 둘러싸고 있는 아주 얇은 막으로써 물질의 선택적인 출입을 가능케 한다. 이는 어떤 신호를 전달하는 정보전달의 매개체로 중요한 역할을 한다. 세포질은 에너지의 생성과 세포성장에 역할을 하며, 세포를 이동시키고 세포의 모양을 변하게 해준다.

02 세포의 구조

1 세포막

세포질의 외부를 물리적으로 둘러싸고 세포가 일정한 모양을 유지할 수 있도록 고정시켜주는 막을 세포막이라 한다. 세포막은 세포를 외부 환경과 분리시켜 세포를 하나의 독특한 단위로 존재하게 한다. 또한, 세포 안팎으로의 물질 수송을 조절함으로써 내부 환경에서 생명이 유지될 수 있도록 도와주는 역할을 수행한다.

정상적인 생명활동에 필요한 화학반응을 수행하기 위해서 세포는 항상 일정한 내부 환경을 유지해야 한다. 세포막 연구의 분야 중 하나는 막 단백질에 집중되어 있다. 원형질막과 연관된 많은 단백질은 효소이다. 그 외 단백질은 물질의 수송이나 정보전달의 기능을 한다. 세포부착분자(Cell Adhesion Molecule)라고 알려진 단백질은 세포를 다른 세포와 연결하여 조직을 형성하는 데 있어 중요한 역할을 한다. 많은 연구자들은 막 단백질이 건강과 질병에 있어 어떠한 기능을 수행하는지 연구하고 있다. 예를 들어, 카드헤린(Cadherin)은 사람 피부를 구성하는 상피세포의 구조를 유지하는 데 중요한 역할을 한다. 이러한 막 단백질의 결핍은 어떠한 종류의 악성 종양의 침입과 관련이 있다. 또한, 어떤 카드헤린은 초기 배아에서 세포가 부착하는 방법을 조절해준다.

세포막은 인지질 이중층으로 되어 있으며, 인지질의 머리 부분은 인산으로 되어 있어 극성을 띠며 친수성이다. 꼬리 부분은 지방산 사슬이 붙어 비극성이며 소수성의 성질을 가진다. 인지질층이 이중으로 배열되어 세포막을 이루며 안쪽에 비극성 지방산 사슬이 꼬리를 맞대어 배열되어 있고 바깥으로 친수성인 인산기의 머리 부분이 존재한다. 인지질 이중층에는 막 단백질이 여러 가지 모양으로 부착되어 있다. 즉 인산부분은 친수성으로 외곽의 물과 맞닿아 있으며 지질은 소수성 꼬리부분으로 꼬리끼리 모여 있는 형태이다. 인지질 두 개의 층에는 단백질 분자가 존재하는데, 이는 세포막의 구조를 지탱하며 이중층을 통하여 수용성 물질들이 이동할 수 있는 통로 역할을 한다. 세포막에는 무수한 구멍(pore)이 존재하여, 세포막을 통과하는 물질이 양이온인지 음이온인지에 따라 세포 안으로 선택한 물질을 들여보내거나 세포 밖으로 내보내는 것으로 반투과성 또는 선택적 투과를 한다.

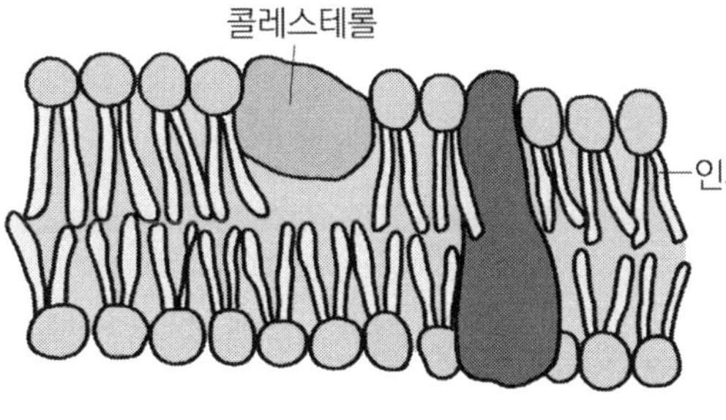

▌그림 1 인지질(지질) 이중층

세포막은 세포의 활동에 관련한 필요 정보를 간직한 채 막을 통과하는 수송계로 수동적, 능동적 운반을 조절한다. 또한, 에너지 운반계를 다양하게 가지고 있는 세포막 내로 인해 생체와 외부 환경 사이의 경계를 이루고, 외부의 변화에 따른 내부의 환경을 일정하게 유지시켜 주는 항상성 유지에 관여한다. 세포막은 선택적 투과성막(Selectively Permeable Membrane)이다. 일반적으로 생체막은 이중층 내부의 소수성 부위를 통과할 수 있는 작은 분자와 지용성 물질이 가장 투과성이 크다. 지질 이중층의 내부는 소수성이기 때문에, 생체막은 대부분의 극성 분자들에 대해서는 장벽이 된다.

세포막을 경계면으로 하여, 물질의 이동은 수동적 이동과 능동적 이동으로 이루어지며, 외부의 에너지를 필요로 하지 않는 이동을 수동적 이동이라 한다.

(1) 수동적 이동의 종류

- 확산(diffusion): 가장 일반적인 수동적 확산의 종류로 농도가 높은 쪽에서 낮은 쪽으로 물질이 이동하는 현상
- 촉진확산(facilitated diffusion): 물질이 막을 통과하는 확산이 일어날 때 다른 물질의 도움을 받아 일어나는 확산 현상
- 삼투현상(osmosis): 양쪽의 농도를 맞춰주기 위해 물이 선택적 투과성막을 통해 이동하는 현상
- 여과(filtration): 용해된 물질들이 압력에 의해 막을 통과하는 현상

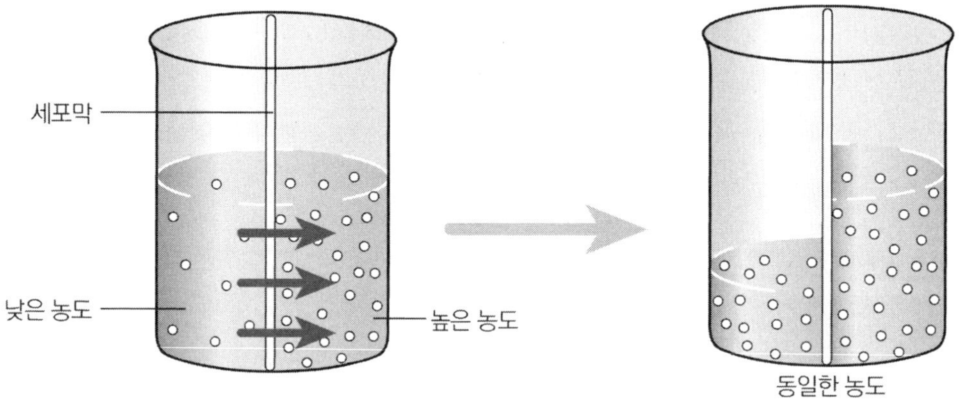

그림 2 삼투현상(osmosis)

(2) 능동적 이동의 종류

- 능동적 이동펌프(active transport pumps): 물질 이동을 위해 에너지(ATP)를 필요로 하는 경우
- 세포내이입(endocytosis): 물질의 크기가 세포막을 통과하기에 클 때 세포가 음식물을 섭취하는 경우
- 세포외배출(exocytosis): 세포가 물질을 밖으로 내보내는 경우

2 세포

세포는 세포막, 세포핵, 세포질로 구성되어 있다. 세포핵은 세포전체를 통제하는 기관으로 핵은 핵막으로 구분되어지며 핵막은 구멍을 가지고 있어 핵과 세포질 사이의 물질이 이동할 수 있게 된다. 세포질은 영양소가 함유된 물이 대부분이지만 이외에 많은 세포기관들이 포함되어 있다. 세포질 안에 존재하는 세포기관에는 미토콘드리아, 리보솜, 골지체, 리소좀, 세포골격, 중심소체가 존재한다.

미토콘드리아(Mitochondria)는 실 같은 물질로 가득차 있는 알갱이 모양을 하고 있어 그리스어로 실을 의미하는 'Mito'와 알갱이를 의미하는 'Chondrion'에서 유래 되었다. 얇고 작은 세포기

관으로 세포의 대사에 관여하며 대사가 활발할수록 미토콘드리아의 수는 증가하며 바깥층은 매끈하고 안쪽은 많은 주름으로 접힌 내막으로 이루어져 있다. 이 내막을 크리스테(Cristae)라고 한다. 크레스테에 존재하는 효소들에 의해 미토콘드리아는 에너지(ATP)를 합성하게 되며, ATP 생성에 관여하는 효소들은 크리스테의 주름에 따라 위치하게 된다.

리보솜(Ribosome, 일명 '리보소체')은 세포질의 세포기관 중 단백질을 합성에 관여한다. 리보솜의 일부는 세포질 내에 있는 막들의 연결망에 붙어 존재하며 나머지는 세포질 내에 자유로이 존재한다. 이 연결망은 길고 주름진 막으로 물질이 이동하는 통로의 역할을 하며 리보솜이 부착되어 거친 표면을 가진 조면 세망과 리보솜이 미부착되어 매끈한 활면 세망으로 구분된다. 조면 세망을 따라 합성된 단백질은 골지체로 이동하며 활면 세망은 스테로이드의 합성 및 지질 합성에 관여한다.

골지체(Golgi Body, 일명 '골지장치')는 리보솜에서 합성된 단백질을 마지막 마무리하는 곳으로 단백질을 보관하며 세포 밖으로 내보낼 준비를 하는 곳이다.

리소좀(Lysosome)은 가수분해 효소를 많이 함유하고 있어 세포 내 노폐물과 찌꺼기를 처리는 하는 곳이다.

세포골격(Cytoskeleton)은 미세섬유와 미소관으로 구성되어 세포의 모양과 형태를 유지하며 세포의 이동을 도와주는 기능을 가진다.

중심소체(Centrosome)는 핵 가까이에 2개가 인접하여 존재하며 세포분열에 관여한다. 즉, 세포가 분열할 때 중심소체는 2개가 분리되어 핵을 중심으로 서로 반대방향으로 이동하며, 방추를 형성하여 염색체가 분열하면 이들 중심소체가 양쪽으로 끌어당기는 역할을 한다.

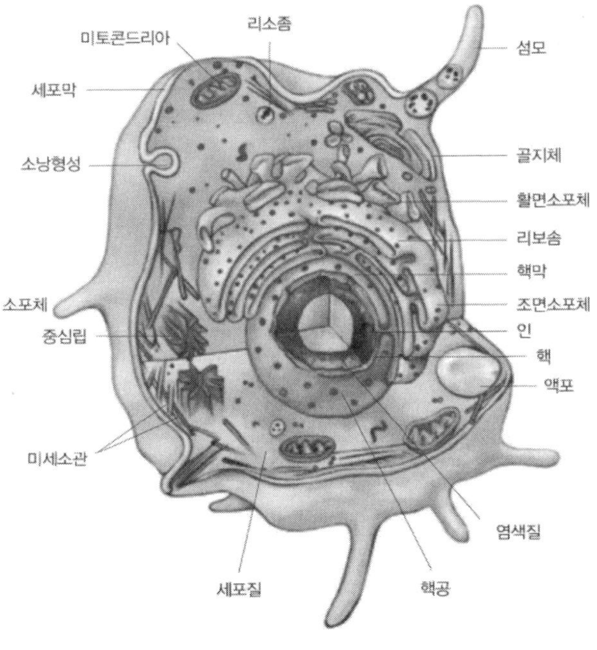

▍그림 3 세포의 구조

03 세포분열

1 염색체

세포는 세포생식을 통해 새로운 세포를 만들며, 세포가 나누어지므로 세포분열이라고도 한다. 생명체의 증식은 상호 간 정보전달을 수반하며, 이 정보전달의 본체는 DNA이다. 따라서, DNA에 의해 본체의 정보가 분열된 세포로 전달이 된다.

DNA는 생명체에 필요한 단백질을 만드는 암호를 갖는다. 단백질은 인체에 필요한 모든 구조와 기능을 결정하는 중요한 물질이다. 어떤 단백질은 세포 내에서나 세포 간에 정보를 교환하는 데 중요한 작용을 한다. 또한, 세포의 표면에 존재하는 어떤 단백질은 표지의 역할을 하여 다른 세포가 표지를 인지할 수 있게 한다. 어떤 세포의 단백질은 화학적인 유전 정보전달 물질과 결합하여 수용체의 역할을 하기도 한다. 세포는 상호 간에 정보전달을 위해 단백질과 이외의 많은 다른 종류의 이온과 분자를 사용하게 된다.

호르몬은 생물의 한 부위에서 다른 부위로 정보를 전달하는 화학적 정보전달자 기능을 하는 분자이다. 호르몬은 세포에게 어떤 단백질이나 다른 물질을 생산하고 분비하도록 하는 신호를 일으킬 수 있다. 또한 인체는 정보 전달을 위해 전기적 신호를 이용한다. 즉, 전기적 자극과 신경전달물질(Neurotransmitter)로 알려진 화학물질의 두 가지 방법으로 정보를 전달하는 신경계를 통해 각종 정보를 전달하고 있다.

다세포 생물의 세포분열이란 생장과 생식을 의미하지만, 단세포 생물은 세포 1개가 생물체이므로 단세포 생물의 세포분열은 개체의 증식을 의미한다. 단세포의 예로 박테리아가 있으며, 박테리아는 이분법을 통해 DNA의 복사와 분열이 간단하게 일어난다.

세포가 성장을 하는 데 부피가 너무 커져 버리면 물질의 출입과 핵의 세포통제가 어려워지기 때문에 세포분열을 통해서 세포의 크기를 조절한다. 핵 속에 존재하는 염색체는 세포의 구조와 기능을 조절하는 유전정보를 담고 있는 것으로 분열하지 않는 동안은 염색사로 존재한다.

뉴클레오좀은 DNA를 저장하는 가장 작은 단위로써 이 뉴클레오좀이 모여서 형성되는 것이 염색질이고, 이 염색질들이 다발처럼 묶여서 염색체가 만들어진다. 이 염색체는 두 가닥으로 갈라진 구조를 하고 있다.

염색체에는 상동염색체, 상염색체, 성염색체가 있다. 상동염색체란 크기와 모양이 같은 한 쌍의 염색체로 하나는 어머니 다른 하나는 아버지로부터 물려받은 것으로, 대립 유전자(우열)가 존재한다. 상염색체는 X, Y 즉, 성염색체를 제외한 보통의 염색체로 사람은 44개가 존재한다. 성염색체는 성(남, 여)을 결정하는 염색체로 성에 따라 각기 다른 성염색체를 가진다. 성이 결정하는 염색체는 여성은 X 하나지만 남성은 XY 두 가지로, 인간의 성 결정은 남성이 한다. 즉, 여자는 44+XX 이고, 남자는 44+XY이다.

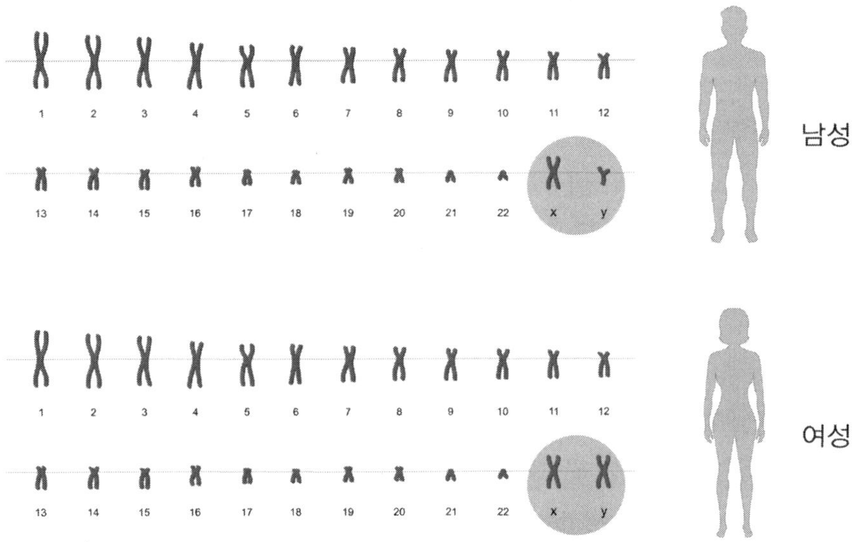

▌그림 4 염색체(Chromosome)

2 세포분열의 과정

① 세포주기

세포는 하나의 분열을 완료한 후 일정 기간 쉬었다가 다시 세포분열을 시작한다. 이때, 세포분열 후 다시 세포분열을 할 때까지의 일정한 휴식기간을 간기 혹은 사이기(Interphase)라 부른다.

- 간기(사이기): 세포분열을 하지 않는 시기로 전체 세포주기의 90%를 차지한다. 물질대사가 활발한 시기이며, 염색사의 형태로 성장하며 세포분열을 위한 준비과정이 진행되는 시기이다. 세포주기 중 짧은 기간이면서 실제로 세포분열이 일어나는 시기를 유사분열기(Mitotic phase)라 한다.

- 유사분열기: 유전적 물질이 나뉘는 유사분열과 세포질이 나뉘는 세포질분열(Cytokinesis)이 일어난다.

② 체세포 분열과 감수 분열

세포의 개수만 증가하는 체세포 분열은 핵상의 변화가 없으며 모세포보다 딸세포의 수가 2배 증가한다. 체세포 분열의 과정을 보면 전기에는 염색사가 염색체로 응축되고 핵막과 인이 사라지며 방추사가 나타난다.

(* 방추사: 세포의 체세포 분열 때 형성되는 가는 실 모양의 섬유질 단백질로, 양쪽 극 사이 또는 양

쪽 극과 염색체 사이를 연결해 주는 역할을 한다.)

염색체는 두 개의 염색분체로 변하며 각 염색분체에는 동일한 DNA가 들어있다. 중기에는 염색체가 적도면에 배열하게 되고 방추사는 염색체의 동원체에 부착하게 된다. 후기에는 염색분체들이 분리되어 방추사에 의해 양극으로 끌려가게 되며 말기에는 염색체가 사라지고 핵막과 인이 다시 나타나 두개의 딸핵을 형성하게 된다.

감수 분열은 생식세포를 만들기 위한 세포분열이다. 부모의 유전자가 모두 자손에게 전해질 경우 한 세대가 지날 때마다 유전자 개수가 두 배가 되므로, 생식세포가 만들어질 때는 체세포 분열과는 달리 딸세포(자손세포, Daughter Cell)에는 모세포가 가지고 있는 유전자의 절반만이 전해진다. 체세포 분열과 감수분열의 큰 차이점은 염색체 수의 차이로 체세포 분열 후 염색체의 수는 동일하나 감수 분열 후 염색체의 수는 절반으로 줄어든다.

우리 몸의 모든 세포는 수정란이라는 하나의 세포에서 만들어진다. 정자를 받아들인 난자가 수정란인데, 받을 수(受), 정자 정(精), 알 란(卵), 다시 말해서 정자를 받아들인 알이 바로 수정란이다.

처음 난자에는 23개의 염색체가 들어있으며, 남자의 정자를 받아들이면 23쌍의 염색체를 가지게 된다. 이렇게 염색체는 짝을 이루어서 총 46개가 되어야만 완전한 하나의 세포가 되어 분열할 수 있다.

난자와 정자는 각각 따로는 세포분열을 할 수 없고, 합쳐져야만 세포분열이 가능하다. 쌍둥이의 경우는 하나의 수정란이 두 개로 나누어지는 일란성 쌍둥이에는 두 사람이 꼭 닮지만, 두 개의 난자가 각각 수정되어 함께 자란 경우인 이란성 쌍둥이에는 보통의 형제와 같은 정도의 차이가 난다.

하나의 세포가 둘로 분열할 때마다, 유전자 전부가 둘로 복제된다. 유전자(Gene)와 염색체(Chromosome)를 합쳐 게놈(Genome)이라 하며, 이것은 일부 세포에서만 작동한다. 수정란에서 세포가 분열되어 세포의 수가 늘어나게 되면 외배엽(Exoderm), 중배엽(Mesoderm), 내배엽(Endoderm)으로 나뉜다.

외배엽은 신경과 피부의 표피로, 중배엽은 결합조직(골격, 진피, 혈액)과 근육으로, 내배엽은 내분비기관(흉선, 갑상선 등)과 호흡기관(폐)으로 변하게 되고, 이들이 합쳐져 인체를 이룬다.

04 세포의 발생

발생학적으로 사람 피부의 대부분은 외배엽에서 유래하며, 일부 구성세포와 기관은 중배엽에서 유래한다. 표피, 모낭, 피지선, 한선 등은 외배엽에서 유래하며, 멜라닌 세포, 신경 및 감각 수용체는 신경 외배엽에서 유래한다. 기타 랑게르한스 세포, 대식 세포, 비만세포, 섬유아 세포, 혈관, 림프관, 근육 및 지방 세포는 중배엽에서 유래한다.

- 내배엽(Endoderm): 소화기 계통의 소화관 점막상피와 소화관 상피, 호흡기 점막 상피, 요로의 점막 상피, 이관, 인두, 갑상선 등으로 분화된다. 달걀의 난황 부분에 해당하는 것이라 볼 수 있다.

- 중배엽(Mesoderm): 골격(뼈), 평활근의 근육과 결합조직, 혈관과 혈액, 진피, 지방 세포, 심장, 림프관, 비장, 비뇨기 및 생식기, 장막 상피, 모유두 등은 초기 배아의 중간 부분인 중배엽에서 분화된다.

- 외배엽(Exoderm): 신경계에 따른 뇌, 피부의 표피, 모발, 손발톱, 피부선(한선, 피지선, 유선), 멜라닌 세포, 감각계 등은 초기배아의 윗부분인 외배엽에서 발생한다.

사람의 몸은 하나의 수정란에서 분열하여 생긴 것으로, 세포의 분열은 그저 단순히 그 수를 증가시키기 위한 것만은 아니다. 하나의 수정란에는 최종적으로 약 270종의 서로 다른 기능을 가진 세포로 분화한다. 세포는 분열해 나가는 과정에서 특수화되고, 서로 결합하여 조직을 만들며, 기관이 된다.

(1) 피부의 발생

접합자(zygote)는 빠른 세포분열을 통해 오디배를 형성한다. 오디배는 내부 존재 세포(inner cell mass)와 외부 위치 세포(trophoblast)로 구분되며, 이 내부 존재 세포와 외부 위치 세포에 액체가 찬 것을 '낭포배'라 부른다. 내부 존재 세포는 다시 내배판과 외배판으로 나뉘며, 외배판은 함입되면서 내배판 세포들을 밀어내 '내배엽층'을 형성하며, 다음으로 이동한 세포들이 '중배엽층'을 형성하고, 이동이 중지된 세포들이 '외배엽층'을 형성하게 된다. 중배엽층은 부위에 따라 축엽과 중간, 그리고 외측으로 나뉘며, 축엽은 다시 경절과 외절, 그리고 피절로 나뉘는데 피절이 피부의 '진피'가 되는 것이다. 외배엽층 중에는 신경조직에 참여를 하지 않은 외배엽을 '표면의 배엽'이라 칭하며, 이가 피부의 '표피'가 된다. 이렇게 피부는 표면 외배엽에서 유래한 표피와 피절(중배엽)에서 유래한 진피의 2중 기원을 갖게 되는 것이다.

CHAPTER

02

하체 뼈

1) 관골(골반대)

2) 하지골(다리의 뼈)

3) 족근골

4) O자 다리와 X자 다리

02 하체 뼈

01 관골(골반대)

하지대에 속하는 뼈로 좌우 관골 하나씩 쌍을 이루고 있으며 하나의 뼈를 고관절뼈(Coxal bone), 골반뼈 또는 관골이라 하며 3개로 구성되어 있다.

- 장골(Ilium): 골반뼈 중 가장 크며 엉덩이에서 느껴지는 뼈다. 골수 생검을 하는 뼈이다.

- 좌골(Ischium): 골반의 가장 아랫부분으로 앉았을 때 체중을 유지하는 뼈이다.

- 치골(Pubis): 골반의 앞쪽에 위치하며 2개이다. 치골 결합 부위는 서혜인대의 부착점이다.

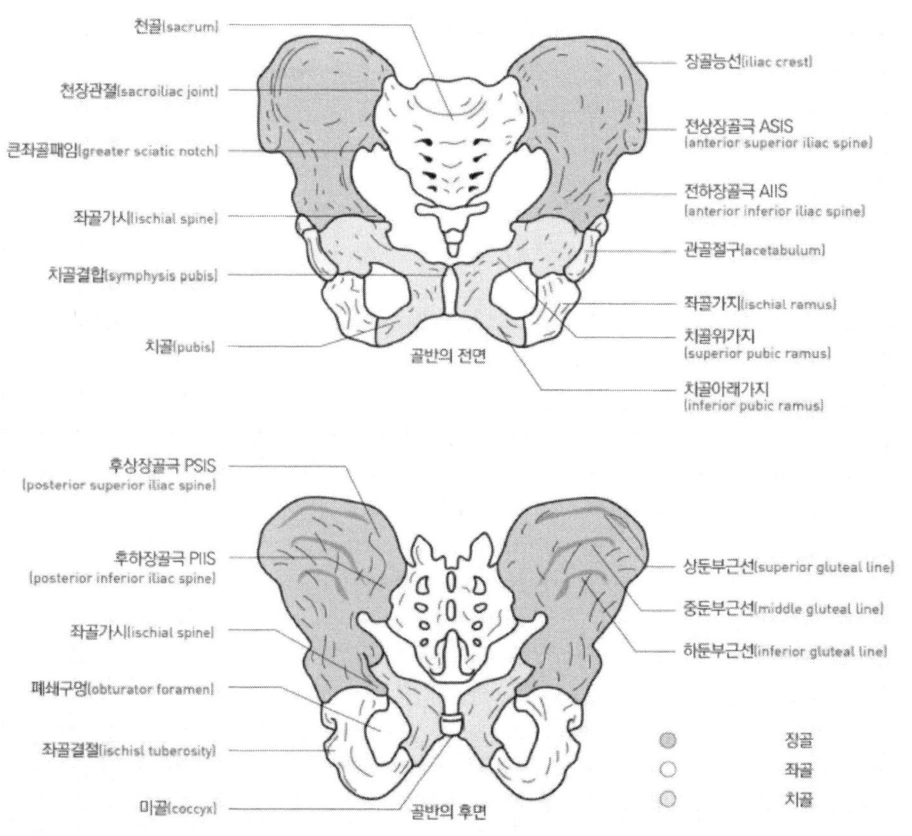

▌그림 5 관골의 구성

02 하지골(다리의 뼈)

- 대퇴골(Femur): 허벅지뼈로 약 40cm 길이로 인체에서 가장 강하며 긴 뼈이다.
- 슬개골(Patella): 인체의 최대의 종자골로 삼각형의 편평골이다.
- 경골(Tibia): 하퇴의 내측을 구성하는 뼈로 대퇴골과 관절을 이루어 무릎을 구성하며 정강이 뼈라 한다.
- 비골(Fibula): 하퇴의 외측뼈로 약 31cm 길이로 외측 복사뼈를 이룬다.

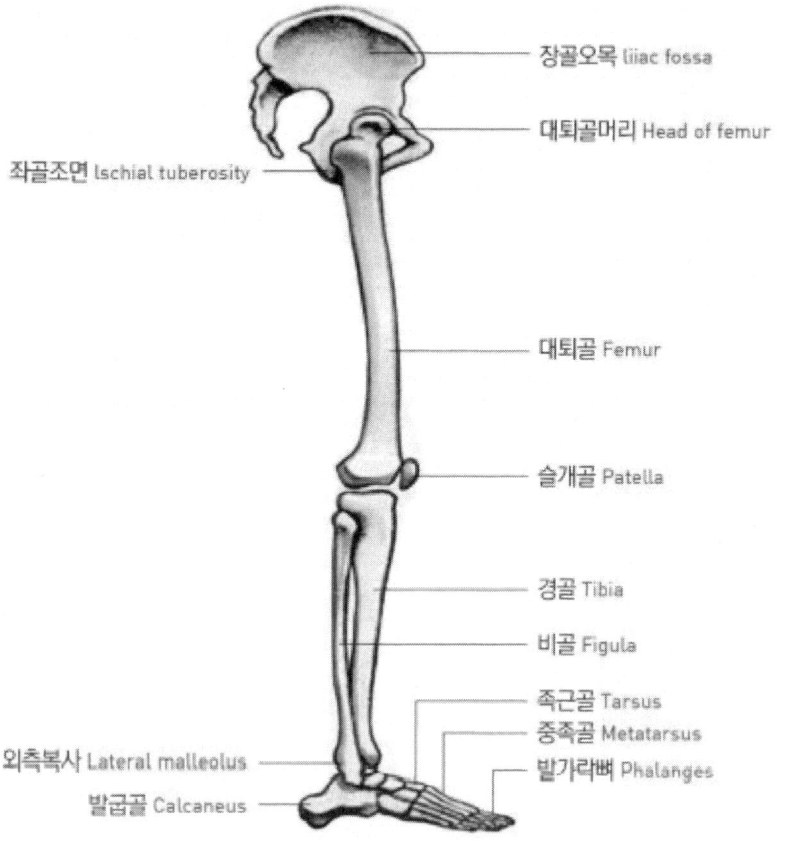

▌그림 6 하지골의 구성

03 족근골

발목과 가장 가까운 거골(목말뼈)과 발꿈치의 종골(발뒤꿈치를 이루는 뼈), 발등을 이루는 중족골(발가락뼈 안쪽에 있는 다섯개의 뼈), 발가락을 이루는 지골이 있다. 종골과 종족골을 연결하는 인대와 건이 약할 경우 족궁(발바닥이 안쪽으로 활처럼 휜 것)은 내려앉게 되어 편평족을 만든다.

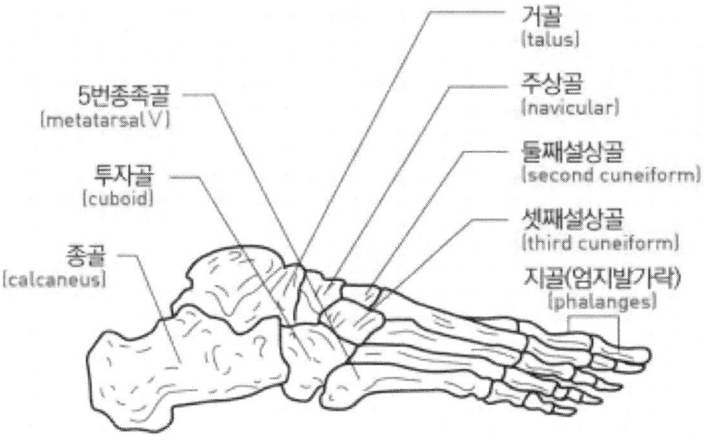

▍그림 7 족근골의 구성

04 O자 다리와 X자 다리

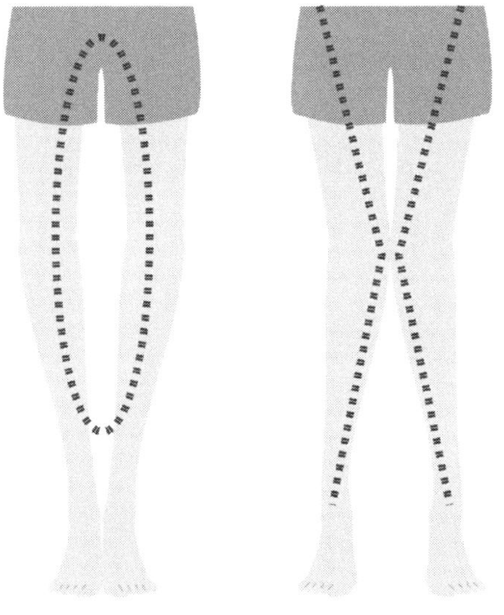

▍그림 8 O자 다리와 X자 다리

O자 다리와 X자 다리의 형태는 각각 대퇴골이 안쪽으로 회전된 내전형과 바깥쪽으로 회전된 외전형이 있다. 대표적인 O자 다리의 형태로 대퇴골 내전형과 X자 다리의 형태로 외전형의 특징을 살펴보면 다음과 같다.

1 O자 다리(내전형)

- 대퇴골이 내전되어 있다.
- 양쪽 무릎이 떨어져 있고 발목은 붙어 있다.
- 무릎이 바깥쪽으로 돌출되어 있다.
- 주로 허벅지 근육 바깥쪽에 힘을 주게 된다.

표 1 O자 다리의 특징

위치	O자	관리 시	근육 방향
앞면과 안쪽	이완	수축	근육 결 방향
뒷면과 바깥쪽	수축	이완	근육 결 반대 방향

2 X자 다리(외전형)

- 대퇴골이 외전되어 있다.
- 발목 사이 간격이 벌어져 있으며 양쪽 무릎은 붙어있다.
- 무릎이 안쪽으로 들어가 있다.
- 앞면과 안쪽면은 주로 수축이 되어 있고, 뒷면과 바깥쪽면은 주로 이완되어 있다.

표 2 X자 다리의 특징

위치	X자	관리 시	근육 방향
앞면과 안쪽	수축	이완	근육 결 반대 방향
뒷면과 바깥쪽	이완	수축	근육 결 방향

CHAPTER

03

근육계통

01 근육계통

01 미용 근육학

피부 미용 전문가의 피부 관리 목적은 피부 표면의 상태를 개선시키고, 생활습관이나 버릇에서부터 비롯된 체형의 불균형을 수기요법을 이용하여 건강하고 균형있는 상태로 개선시키는 것이다. 따라서, 인체를 다루는 피부 미용 전문가는 인체에 대한 정확하고 올바른 이론과 기술을 습득한 후 적용해야만 한다.

인체를 이루는 주요 구성 중 근육은 전체의 40~45%의 비중을 차지하는 중요한 부분이다. 이에 따라, 근육에 대한 정확한 이해가 필요하다.

미용 근육학이란 피부 미용 전문가가 피부 관리 시에 고객에게 미용관리에 상승효과를 줄 수 있는 근육들을 중심으로 각 근육의 기능과 역할, 그리고 적절한 적용 방법을 이해하여 실제로 활용 및 적용할 수 있도록 하기 위한 근육학의 분야라 할 수 있다.

근육학을 이해하는 측면에서 의사는 근육이 이상증상을 보일 시 병을 치료하는 역할을 한다면, 피부 미용 전문가는 병이 생기지 않도록 관리를 통해 예방관리를 하여 건강한 삶을 유지할 수 있도록 하는 역할을 한다.

02 근육의 정의와 기능

근육은 길고 가는 근육 섬유들이 수축과 이완 작용을 하는 기관으로 정의할 수 있다. 근육은 피부 조직과 유기적으로 연결되어 있어 근육의 기능에 따라 피부 상태에 영향을 미친다. 따라서, 근육의 상태는 피부의 거칠어짐, 건조함, 노화와 주름 등에 영향을 미칠 수 있다.

근육은 심부층 근육과 표층 근육으로 나눌 수 있으며, 피부 미용 전문가들이 주로 다루게 되는 근육은 표면의 표층 근육이다.

근육의 기능을 살펴보면, 다음과 같다.

- 피부나 뼈대 등 인체 기관에 붙어 인체의 형태를 만들고, 뼈대의 움직임에 관여한다.
- 호흡운동에 관여한다.
- 장기나 혈관 등의 벽을 구성한다.
- 심장 박동이나 혈관의 수축운동을 도우며 내장기관의 연동운동에 관여한다.

03 근육의 구조

① 근섬유(근육섬유): 근섬유는 근육을 구성하는 단위이며 수축성을 갖는 세포이다. 단백질로 구성된 단위이며, 수백, 수천개의 근원섬유가 모여 하나의 근섬유(근육섬유)를 형성하게 된다.

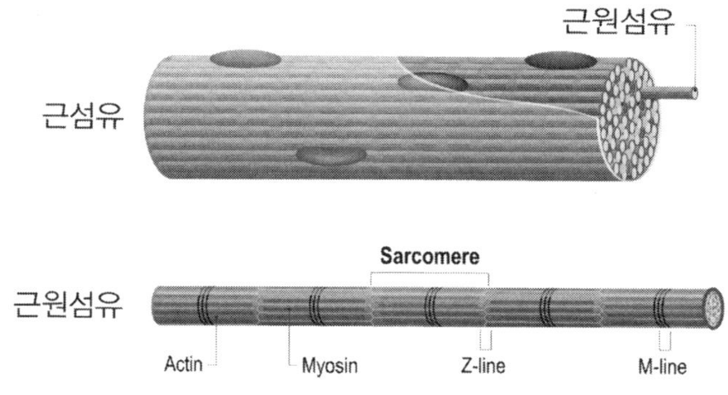

▍그림 9 근섬유

② 근육다발: 근섬유가 여러 개 모여 근육다발을 형성한다.

③ 근육: 근육다발이 여러 개 모여 근육을 이룬다.

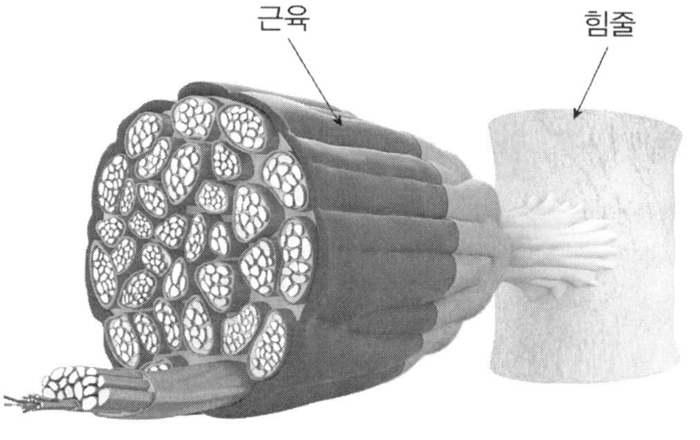

▍그림 10 근육

04 근육의 수축

근육의 수축은 액틴과 마이오신이라는 섬유 단백질 물질에 의해 일어난다. 신경적 자극에 의해 마이오신 머리 부분이 액틴을 중앙으로 끌어당겨 섬유들 간의 틈을 서로 좁히게 되어 근육의 길이를 짧게 만들어 근육이 수축하게 한다.

근육은 서로 다른 근육과 상호협력 관계를 가지고 움직임을 갖는다. 근육이 수축 작용을 하면, 다른 편에서는 이에 반대되는 움직임을 갖거나 보조 또는 협력을 하게 된다. 근육간의 상호작용을 살펴보면 다음과 같다.

- 주동근(agonists): 근육의 운동을 주도적으로 일으키는 근육이다.

- 대항근, 길항근(antagonists): 주동근의 작용과 반대되는 운동을 일으키는 근육이다.

- 협동근, 협력근(synergist): 주동근과 관련하여 도움을 주는 보조근육이다.

근육의 수축은 능동적으로 일어나며, 이에 반해 이완은 수동적으로 일어난다.

1 근육 수축의 종류

근육 수축의 종류는 근육의 힘과 길이에 따라 나뉜다.

① 등장성 수축(isotonic contraction): 근육에 주는 부하의 변화 없이 근섬유의 길이가 짧아지는 수축을 말한다.
Ex) 공을 던지거나 물건을 들어 올리는 팔의 운동

② 등척성 수축(isometric contraction): 움직임이 없는 정적인 운동으로 양손을 벽에 대고 미는 운동처럼 근육의 길이 변화 없이 장력이 생기는 운동을 말한다.
(장력=근력)

근육이 정상적으로 작용 시에는 자연적 수축작용이 일어나지만, 근육이 비정상적으로 단단하게 굳어지는 상태가 되면 이를 구축 또는 강직이라고 한다. 근육의 구축이 일어날 시에는 근육의 통증이 동반될 수 있으며, 구축이 일어나기 전에 충분한 관리(마사지나 테라피)를 통해 긴장감을 풀어줄 필요가 있다.

근육의 수축력이 떨어지고 더 이상 수축작용이 일어나기 힘든 상태가 될 때 근육이 피로하다고 표현할 수 있으며, 근육의 피로를 줄이기 위한 요인으로는 근육 세포 내의 충분한 에너지, 정상적인 혈액 공급, 그리고 충분한 혈중 산소농도가 있다.

05 근육막, 근막

근육막(myofacsia)은 피부 밑에서 인체 대부분을 덮고 있는 치밀성 결합조직이며, 근육과 신경, 그리고 혈관을 감싸고 주변의 내부 장기를 둘러쌓아 고정 및 지지하는 역할을 한다.

근육막(근막)은 두개골부터 발바닥까지 하나로 연결이 되어 있는 조직이며, 신체 내부와 외부에 전체적으로 연결되어 있어 인체의 형태를 잡아주는 역할을 한다.

1 근육막의 종류

- 얕은 근육막: 진피와 깊은 근육막 사이에 있으며 피부밑지방, 땀샘, 얕은 혈관, 림프관, 피부신경이 위치한다.
- 깊은 근육막: 지방조직이 거의 없고 근육을 기능별로 구분
- 근상막: 근육을 싸고 있으며 힘줄/건(tendon)으로 연결
- 근육 바깥막: 근섬유를 싸고 있음
- 근육 섬유막: 근섬유 안에 있는 근섬유를 감싸고 있음

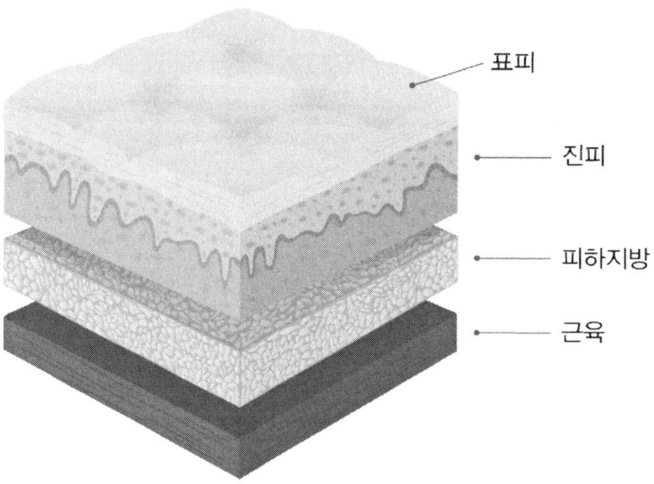

▌그림 11 근육의 위치

인체는 막으로 형성된 조직으로 볼 수 있으며, 모든 세포는 흩어지지 않도록 막을 통해 세포를 감싸고 있고, 세포뿐만 아니라 각 인체의 조직과 기관 또한 막으로 쌓여 형성되어 있다. 근육 조직 또한 막으로 쌓여 있으며, 이는 근육 세포뿐만 아니라 근육과 근육의 표면 또한 해당되는데 이러한 조직막을 근육막 또는 근막이라고 한다.

근육섬유가 가닥으로 흩어지지 않고 고정되는 이유 또한 근육막에 의해 묶음으로 쌓여 있기 때문이다.

06 이는 점과 닿는 점

근육의 대부분은 관절에 걸쳐 양쪽 뼈에 부착되어 있으나 얼굴 근육처럼 피부 가까이에 붙어있거나 일부 관절 주머니(관절낭)에 부착되어 있는 경우도 있다.

① 이는점, 기시점, point of origin: 부착 부위 중 근육의 수축에 의해 잘 움직이지 않는 쪽을 이는점이라 한다.

② 닿는점, 정지점, point of insertion: 움직이기 쉬운 쪽을 닿는점이라 한다.

모든 근육은 이는점과 닿는점을 가지며, 근육의 운동은 닿는점부터 이는점으로 움직임을 갖는다. 일반적으로 근육의 움직임은 몸의 중심 쪽을 향해 근육의 수축작용이 일어난다고 볼 수 있다.

CHAPTER

04

하체 근육

1) 엉덩허리근육, 장요근

2) 허리네모근육, 요방형근

3) 큰볼기근육, 대둔근

4) 중간볼기근육, 중둔근

5) 넙다리네갈래근육, 대퇴사두근

6) 넙다리뒤세갈래근육, 슬건근

04 하체 근육

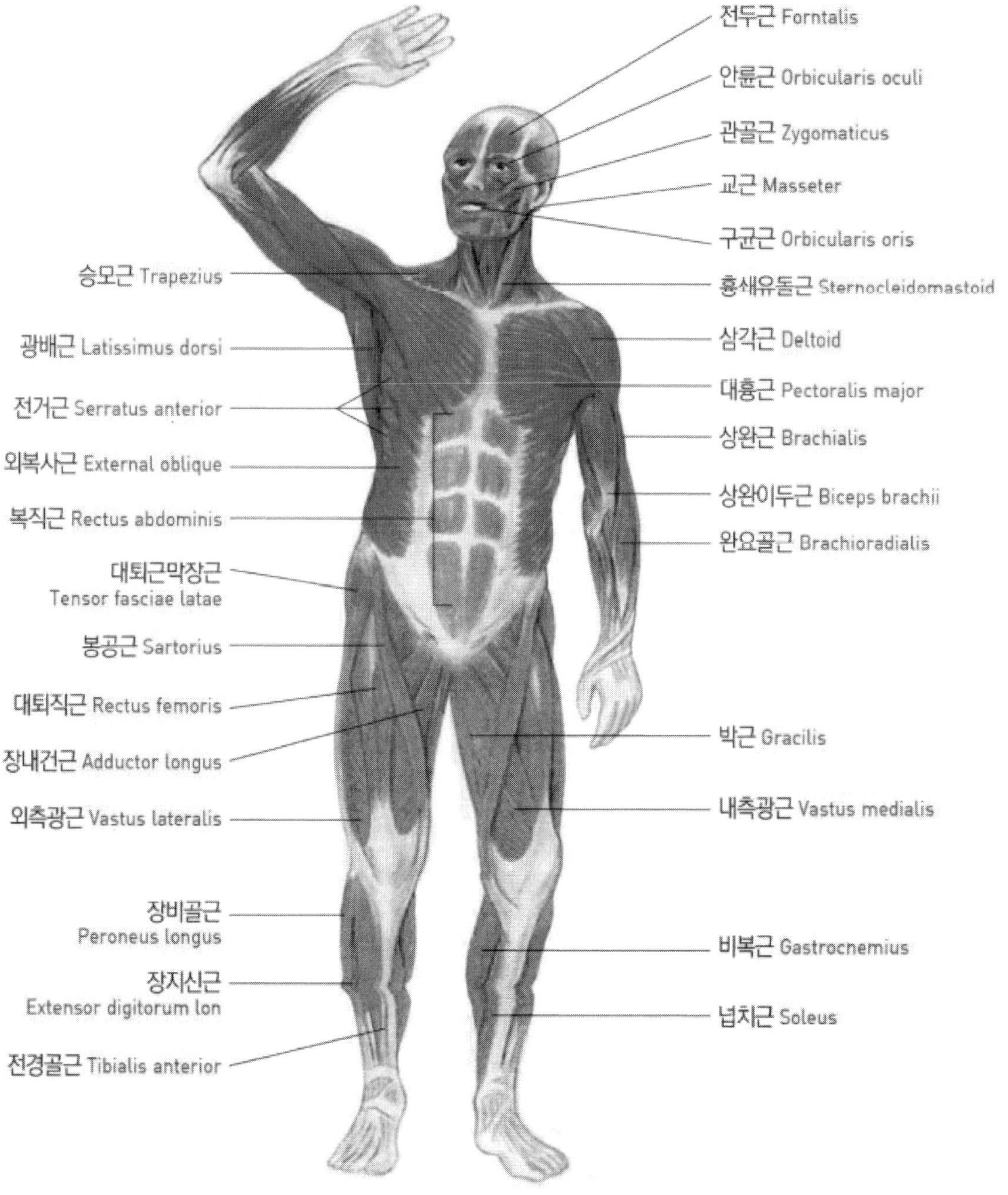

그림 12 전면 전신 근육

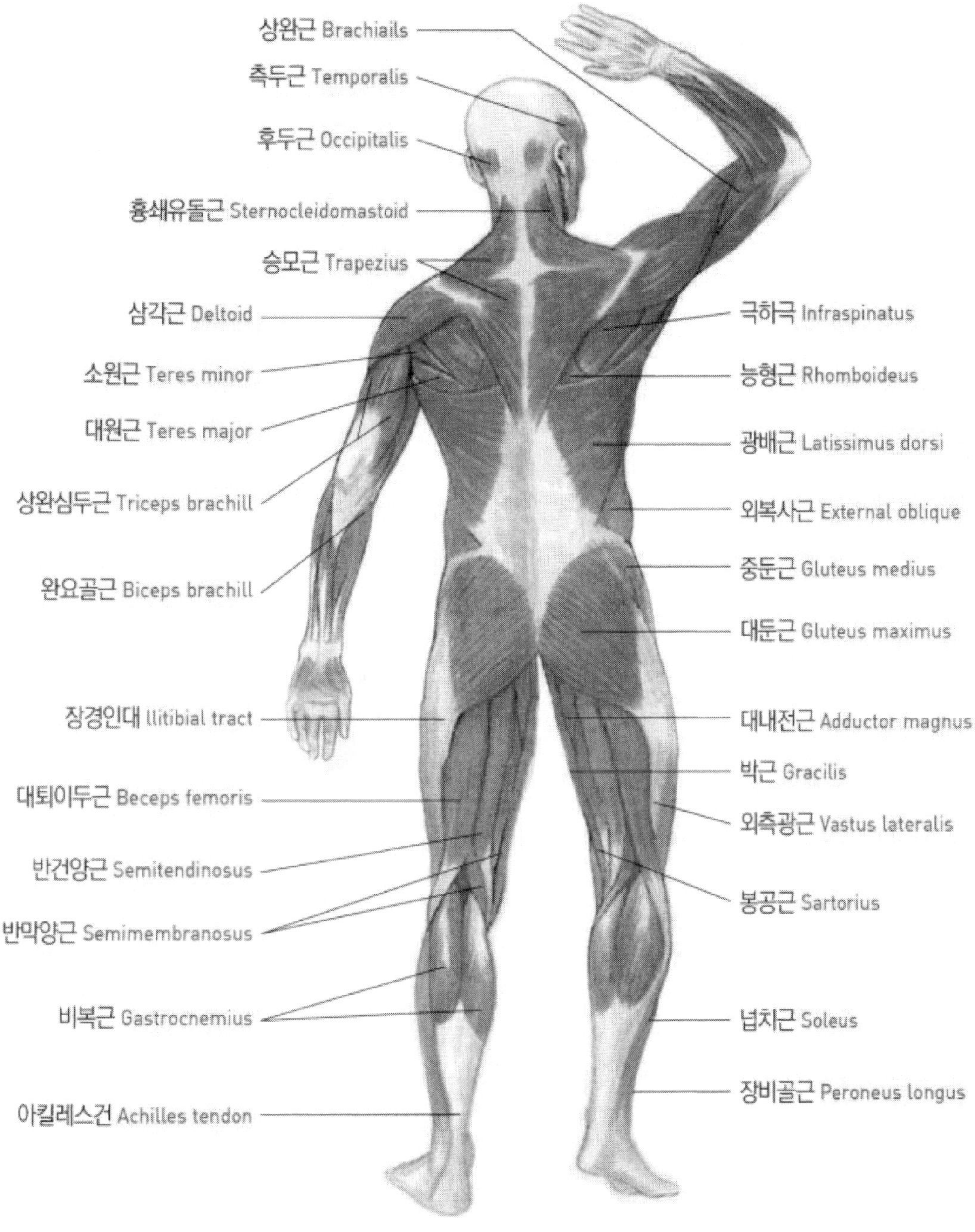
상완근 Brachiails
측두근 Temporalis
후두근 Occipitalis
흉쇄유돌근 Sternocleidomastoid
승모근 Trapezius
삼각근 Deltoid
소원근 Teres minor
대원근 Teres major
상완심두근 Triceps brachill
완요골근 Biceps brachill
장경인대 Ilitibial tract
대퇴이두근 Beceps femoris
반건양근 Semitendinosus
반막양근 Semimembranosus
비복근 Gastrocnemius
아킬레스건 Achilles tendon
극하극 Infraspinatus
능형근 Rhomboideus
광배근 Latissimus dorsi
외복사근 External oblique
중둔근 Gluteus medius
대둔근 Gluteus maximus
대내전근 Adductor magnus
박근 Gracilis
외측광근 Vastus lateralis
봉공근 Sartorius
넙치근 Soleus
장비골근 Peroneus longus

▌그림 13 후면 전신 근육

01 엉덩허리근육, 장요근

❶ 역할

- 복부 깊숙이 위치하며 허리를 구부릴 때나 똑바로 작용한다.
- 엉덩이 관절을 구부리게 하는 역할을 한다.
- 허리뼈를 지지하고 보호한다.
- 보행에 관여한다.
- 큰허리근(대요근, psoas major), 작은허리근(소요근, psoas minor), 엉덩근육(장골근, Iliacus)으로 구성된다.
- 척추, 엉덩뼈, 넙다리뼈를 이어주는 다리 역할을 한다.
- 엉덩허리근육은 큰허리근육, 작은허리근육, 엉덩이근육을 통틀어 지칭한다.
- 엉덩허리근육은 다리를 들어 올리거나 엉덩이관절(고관절)을 가쪽돌림 시킬 때 보조 역할을 하고, 굽힘을 주로 한다.
- 직립보행으로 인한 요통의 원인이 되는 근육 중 하나이다.

❷ 해부학적 부착점

- 이는점: 큰허리근육(대요근)-허리뼈/엉덩이근육(장골근)-엉덩뼈 내면
- 닿는점: 큰허리근육(대요근)-넙다리뼈(대퇴골)의 작은돌기/엉덩이근육(장골근)-넙다리뼈(대퇴골)의 작은돌기

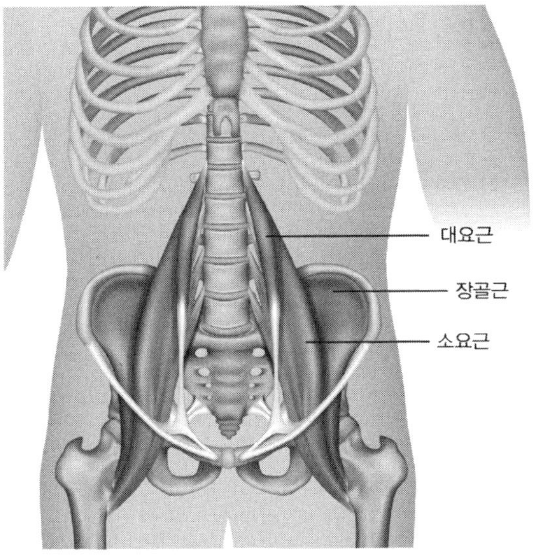

▎그림 14 엉덩허리근육, 장요근

3 이상증상

- 푹신한 침대나 매트를 오래 사용하거나 옆으로 허리를 웅크리고 자는 자세, 쪼그리고 오래 앉아 있는 자세 등은 엉덩허리근육을 단축시켜 통증을 유발한다.

- 하이힐을 신고 있을 때의 자세나 임산부의 자세는 엉덩허리근육에 무게 중심이 옮겨져 근육에 긴장을 가져올 수 있다.

- 엉덩허리근육의 이상은 척추를 따라 수직으로 통증이 온다.

- 엉덩허리근육의 이상은 똑바로 서면 통증이 있으나 등을 지지하면 통증이 완화되나 윗몸 일으키기나 엉덩이가 깊은 의자에서 일어나기가 힘들다.

- 엉덩허리근육 긴장은 골반의 성장에 영향을 주고 장시간 앉아 있을 시 불임에 영향을 주기도 하며, 엉덩허리근육이 단축되면 큰볼기근육이 늘어나 똑바로 서기 어렵다.

- 임산부에게 요통을 유발하고 청소년 성장에 영향을 준다.

4 관리 방법

- 엉덩허리근육은 복부 근육과 밀접한 관계가 있으므로 테크닉 시 복부 근육의 긴장감도 풀어주도록 한다. 허리와 넙다리(대퇴부) 쪽을 꼼꼼히 관리해 주며 허리 및 다리 스트레칭, 윗몸일으키기를 고객에게 사후 관리방법으로 추천한다.

02 허리네모근육, 요방형근

1 역할

- 허리네모근육은 넓은 근육이며 허리를 옆으로 굽히는 동작에 관여한다.

- 상체와 하체를 연결하는 근육이다.

- 직립보행에 있어 중요한 역할을 한다.

2 이상증상

- 직립자세로 체중을 감당 못해 마비된 것 같은 증상을 보일 수 있고, 작은볼기근과 함께 마비 증상이 오며 엉덩이 외측과 치골 주변에 통증을 느낄 수 있다.

- 허리네모근육의 이상은 허리가 비틀어지면서 엉덩이가 튀어나와 심하면 계단 오르기도 힘이 들며 허리를 펴고 앉거나 침대에서 자세를 바꿔 돌아눕기 힘들다.

- 허리보다 엉덩이뼈 주위 통증이 더 많고 작은볼기근육과 함께 다리까지 통증이 연결된다.

- 허리네모근육은 콩팥을 보호해주는 근육이며, 허리옆굽이증을 유발시키는 근육이며, 허리네모근이 불균형일 시 다리길이에 차이가 난다.

- 허리에 무리한 일이나 운동을 할 때, 혹은 낮은 싱크대나 작업대에 서서 일을 장시간 할 때 근육에 이상을 가져올 수 있다.

3 관리 방법

- 허리 부위이므로 압을 잘 조절하여 테크닉을 한다.

- 고객을 엎드리게 하여 허리쪽을 부드럽게 테크닉하며 엉덩뼈 쪽에서는 조금 강하게 큰볼기근육(대둔근)까지 테크닉하여 허리근육의 긴장감을 풀어준다.

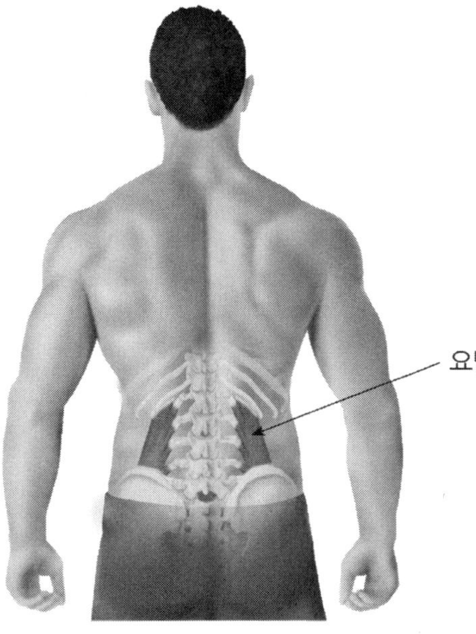

▌그림 15 허리네모근육, 요방형근

03 큰볼기근육, 대둔근

1 역할

- 엉덩이 둔부에 있는 크고 튼튼한 근육이며 강한 근육섬유이다.
- 큰볼기근육은 직립보행을 할 수 있도록 몸의 균형을 잡아주는 역할을 한다.
- 앉았다 일어서거나 한 발로 서는 등의 동작을 할 때 균형조절 기능을 한다.
- 큰볼기근육은 골반을 잡아 당겨 몸을 펴고 다리의 가쪽돌림 기능을 보조한다.
- 엉덩정강근막띠(장경인대)로 연결되어 다른 다리 근육과 연결고리를 갖는다.

2 해부학적 부착점

- 이는점: 엉덩이뼈(장골)와 엉덩이뼈능선(장골능) 후면, 엉치뼈(천골)와 꼬리뼈(미골)측면
- 닿는점: 넙다리뼈 큰결절(대퇴골 대전자)

3 이상증상

- 큰볼기근육은 일반적으로 통증이 잘 생기지 않으나 장기간 잘못된 자세를 취할 시엔 통증을 유발할 수 있다.

- 장시간 경사가 심한 곳을 등산하는 경우나 옆으로 누워 몸을 구부리고 자는 경우, 한 자세로 오래 앉아있는 경우에 근육에 문제가 생길 수 있다.

- 보행 시 나간 발에 체중이 실리게 해주고 골반에 안정감을 부여한다.

- 큰볼기근육의 이상은 꼬리뼈에 통증을 유발한다.

- 장시간 앉아 있을 시 피부가 불편해지고 엉덩이 색깔이 어둡고 주위에 여드름이 발생할 수 있다.

- 큰볼기근육이 약하면 골반이 뒤틀리고 허리 전반에 영향을 준다.

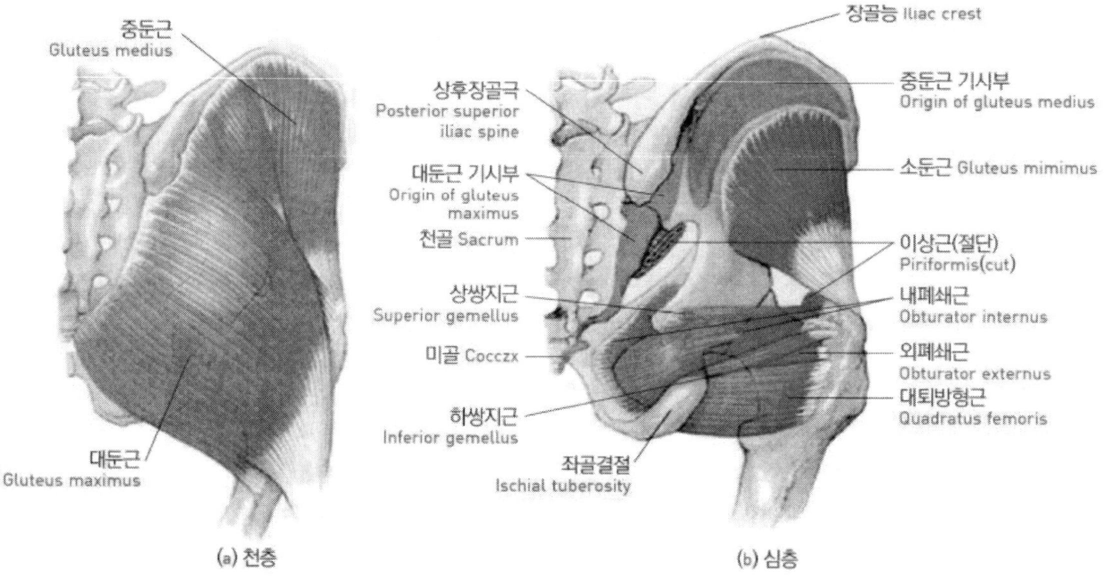

▎그림 16 둔부의 근

04 중간볼기근육, 중둔근

1 역할

- 중간볼기근육은 신체의 좌우를 조절해주며, 궁둥이를 옆으로 들어주는 근육으로 주사를 맞는 자리에 있는 근육이다.

- 중간볼기근육은 한다리로 체중을 지탱하고 서 있는 동안 골반을 안정화시키는 기능의 벌림근육(외전근)이며 반대쪽 골반이 기우는 것을 방지한다.

- 중간볼기근육 전부섬유는 넙다리의 안쪽돌림에 보조 작용을 하고 굽힘시 굽힘의 각도에 따라 활동도 변화가 가능하다.

2 해부학적 부착점

- 이는점: 엉덩이뼈 바깥쪽(장골의 외측면)

- 닿는점: 넙다리 큰돌기 앞쪽 위

3 이상증상

- 중둔근이 약한 사람은 엉덩이를 흔들면서 걷는다.

- 모음동작(내전)이 어려우며 하부요통, 엉치뼈요통이 발생한다.

- 갑작스런 낙상, 장시간 테니스, 에어로빅, 장시간 한 다리로 지탱해서 서기, 좌우다리 길이 불균형으로 인하여 중둔근이 손상되어 기능이 약화될 수 있다.

05 작은볼기근육, 소둔근

1 역할

- 엉덩이관절의 벌림(외전) 작용에 관여하고 중간볼기근육과 같이 움직이면서 보행 시 골반의 수평을 유지한다.

- 작은볼기근육은 궁둥다리 신경통(좌골신경통) 및 허리 디스크 증상과 유사하여 진단에 혼돈을 초래하는 근육으로 허리네모근육과 함께 연합하는 경우가 많다.

2 해부학적 부착점

- 이는점: 엉덩이뼈 바깥쪽(장골의 외측면)

- 닿는점: 넙다리 큰돌기 앞쪽위(대퇴골 대전자 앞면 가장 위)

3 이상증상

- 작은볼기근육의 이상은 심한 통증이 지속적으로 나타나고, 심하면 보행 시 다리를 절게 만들 수 있으며, 고관절 부위에 통증이 심하게 나타난다.

- 작은볼기근육 전부섬유이 이상은 엉덩이아래바깥쪽 넙다리와 무릎 바깥면, 종아리의 종아리근육(비골근) 부위와 발목, 발등까지 통증이 유발된다.

- 작은볼기근육 후부섬유 이상은 엉덩이전체, 넙다리와 장딴지의 뒷면, 무릎관절 뒤, 궁둥다리 신경통으로 오진할 수 있다.

- 통증이 있는 부분을 밑으로 하여 눕기가 힘들어지며, 의자에서 일어나거나 똑바로 서는 것이 힘들어질 수 있다.

- 종아리의 외측면, 후부로 당기는 통증을 호소한다(쉽게 디스크 증상으로 오인하기 쉽다).

06 넙다리네갈래근육, 대퇴사두근

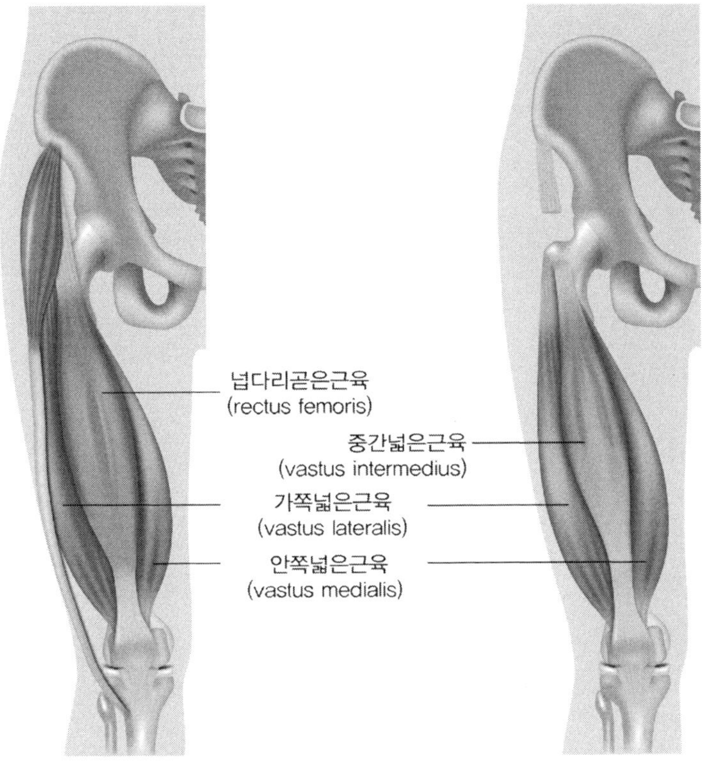

▌그림 17 넙다리네갈래근육, 대퇴사두근, Quadriceps femoris

1 역할

- 넙다리네갈리근육(대퇴직근)은 무릎관절 폄, 엉덩이관절이 굽힘 기능이 있는 관절 근육이며 몸통굽힘 시 배곧은 근육과 연관된 기능을 수행한다.
- 다리앞면 세로로 이어진 4갈래 근육을 지칭한다.
- 넙다리네갈래근육은 엉덩이관절에서 넙다리를 들어올려 몸에 붙이도록 해준다.
- 무릎이 너무 많이 꺾이지 않도록 막아주는 역할을 한다.
- 등에 무거운 짐을 지고 일어설 때 부척추근의 부담을 배곧은근육과 함께 넙다리네갈래근육이 감당한다.

이상증상

- 넙다리네갈래근육의 이상은 무릎의 통증을 느끼게 하고 계단을 내려가기 힘들게 한다.
- 무릎이 잘 펴지지 않고 붓거나 통증이 있다.
- 하이힐을 오래 신거나 쪼그린 자세로 오래 앉아있거나 운전을 직업으로 하는 경우 넙다리네갈래근육에 이상증상이 생길 수 있다.
- 넙다리네갈래근육이 손상되면 힘이 없고 무릎의 열감과 함께 부종이 생긴다.
- 의자에 장시간 앉아 있을 때 무릎에 차가움을 느끼고 계단을 내려갈 때 통증이 나타나 종아리 힘을 조절하기 힘들다.
- 과도한 토끼뜀이나 오리걸음 시 통증을 나타내며 통증으로 인해 보행이 어려워질 수 있다.
- 종아리와 무릎 뒤의 당기는 통증이 유발될 수 있다.

07 넙다리뒤세갈래근육, 슬건근(Hamstrings)

1 역할

- 넙다리 뒤쪽에는 넙다리두갈래근육(대퇴이두근), 반힘줄모양근(반건형근), 반막모양근육(반막양근)이라 하는 세 근육이 있고, 이 세 근육을 총칭하여 넙다리세갈래근육(hamstrings)라고 한다.
- 넙다리세갈래 근육은 무릎을 굽힘시키고 엉덩이 관절을 펴는 작용을 한다(데드리프트하면 근육 강화).
- 넙다리세갈래근육은 앞으로 굽힐 때 항시 작용하고 팔을 들어올릴 때에도 작용을 한다.
- 넙다리세갈래근육은 앞으로 넘어지는 경향성이 있고, 중력의 중심이 뒤로 물러나 있어서 약화 시 빠르게 걸을 수가 없고 평탄하지 않은 길을 걷기 어려우며 달리기, 점프 시 앞으로 숙이기 힘들다.

이상증상

- 대부분이 걸을 때 통증을 나타낸다.

- 근육에 부하가 걸리는 느낌으로 고통스러우며, 근육억제가 고관절의 안정을 훼손한다.

- 앉아있을 때 엉덩이와 넙다리 상부에서의 통증과 무릎 뒤로 통증을 느낄 수 있으며, 신경통으로 오진하기 쉽다.

- 무릎관절의 관절염으로 오진할 수 있으며 딱딱한 의자에 오래 앉아 있는 경우 넙다리뒤에 저림이 나타날 수 있다.

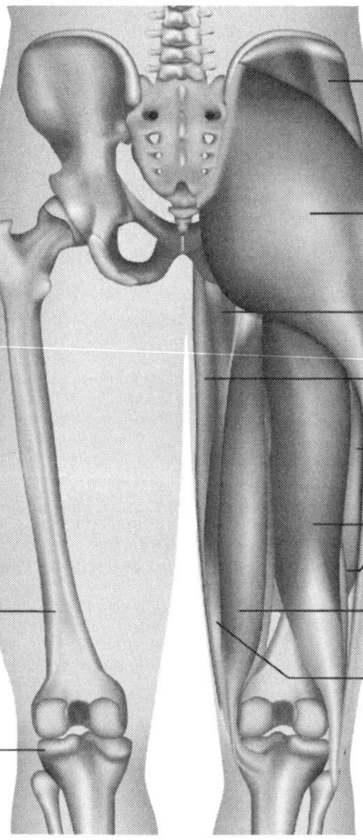

그림 18 하체근육과 넙다리뒤세갈래근육, 슬건근, Hamstrings

CHAPTER

05

에스테틱 실기

1) O자 다리관리

2) X자 다리관리

절취선을 따라 잘라서 사용하세요!

05 에스테틱 실기

학과		학년		반	
학번				이름	

01 O자 다리관리

1 전면관리

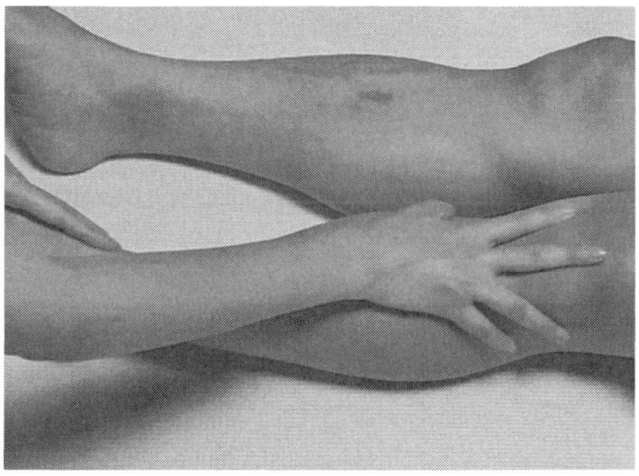

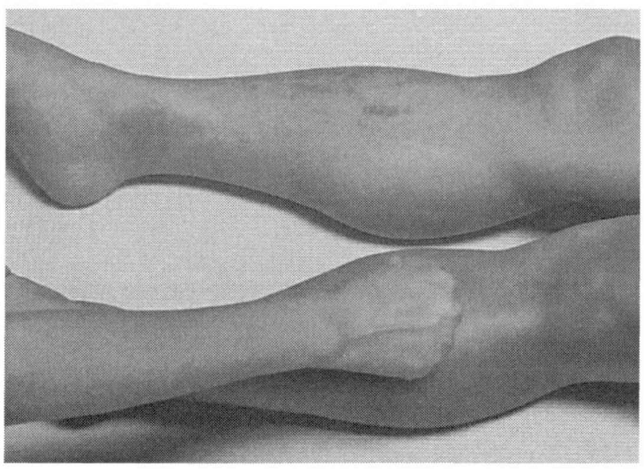

절취선을 따라 잘라서 사용하세요!

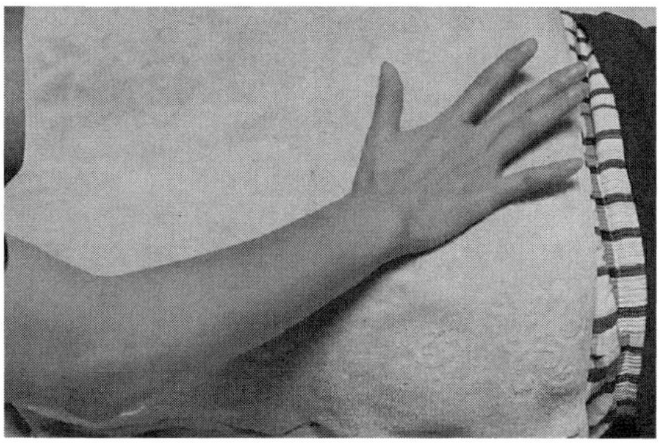

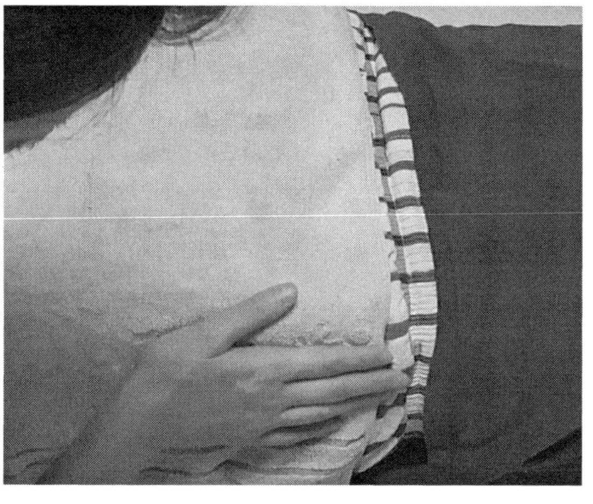

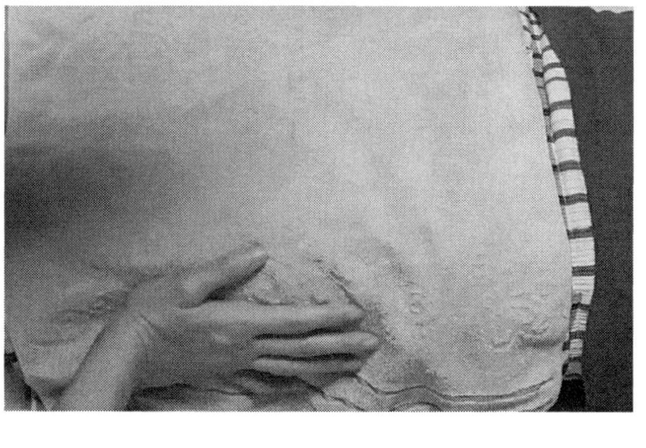

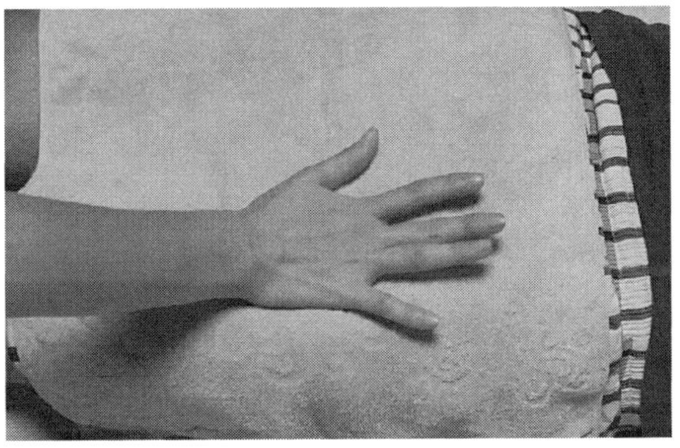

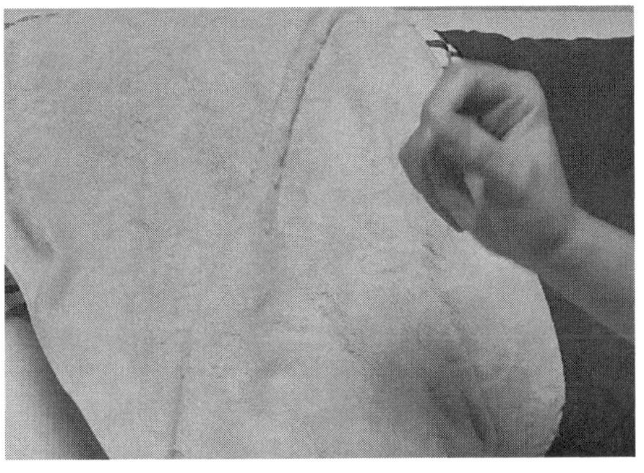

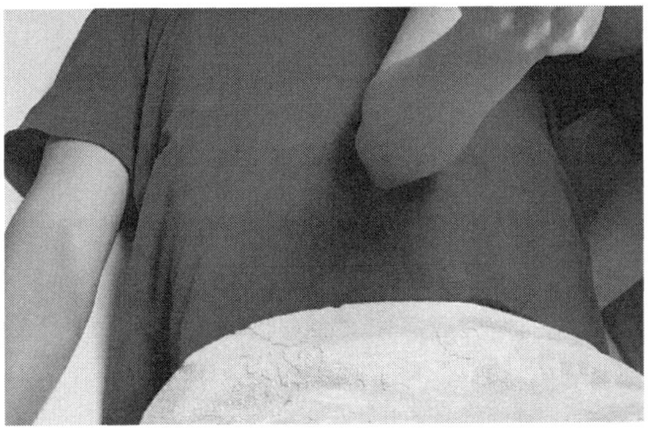

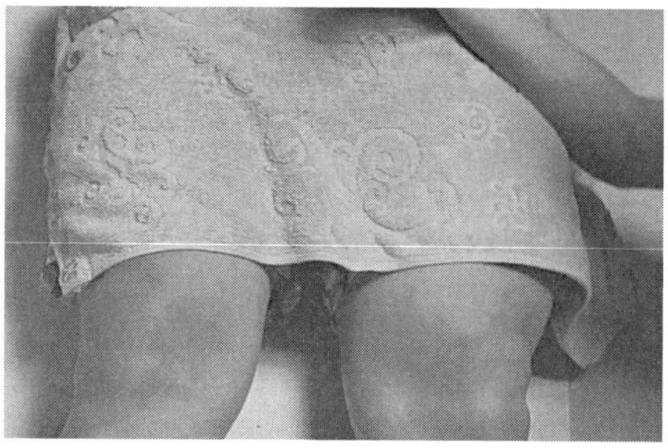

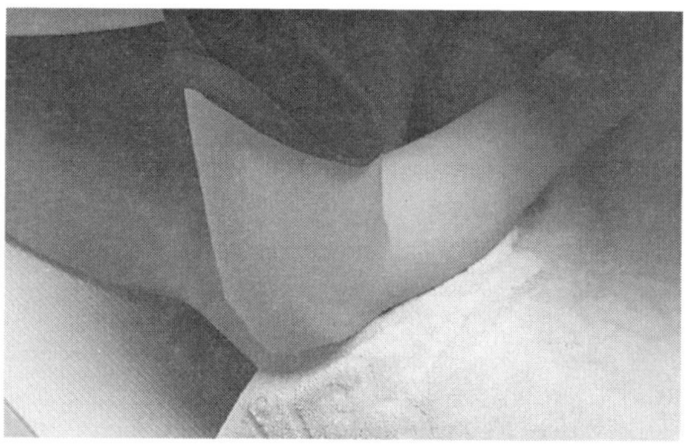

절취선을 따라 잘라서 사용하세요!

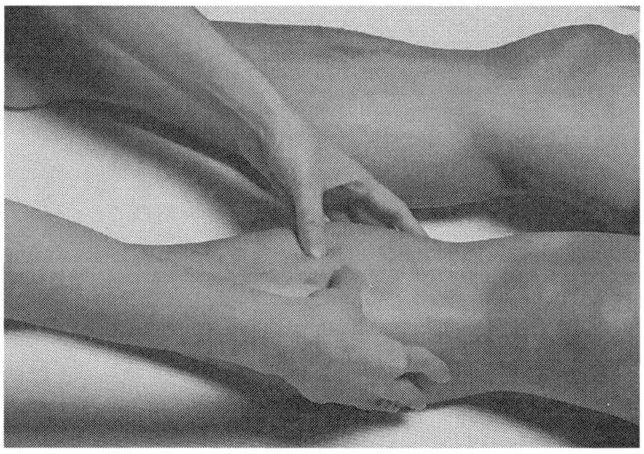

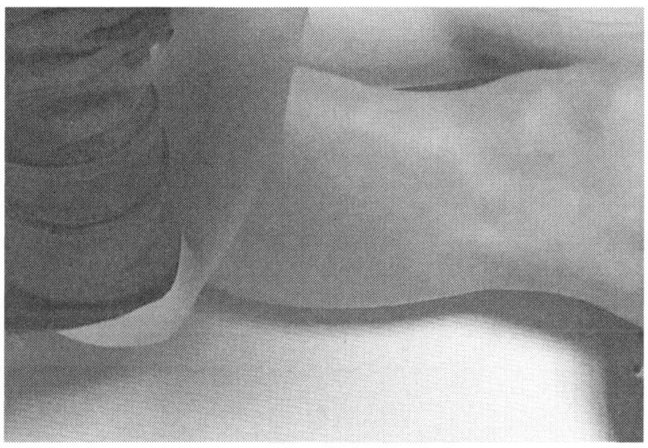

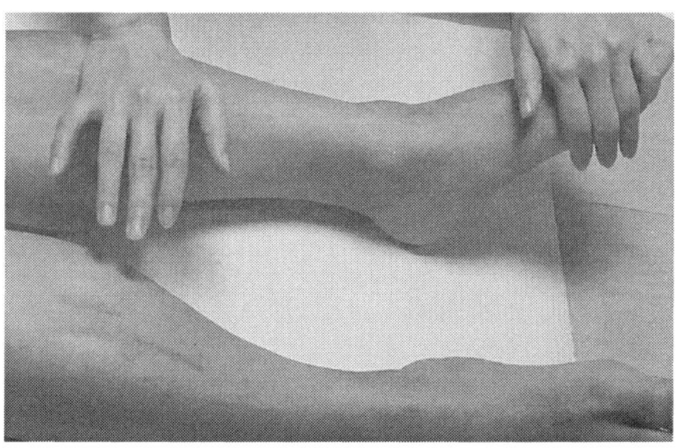

절취선을 따라 잘라서 사용하세요!

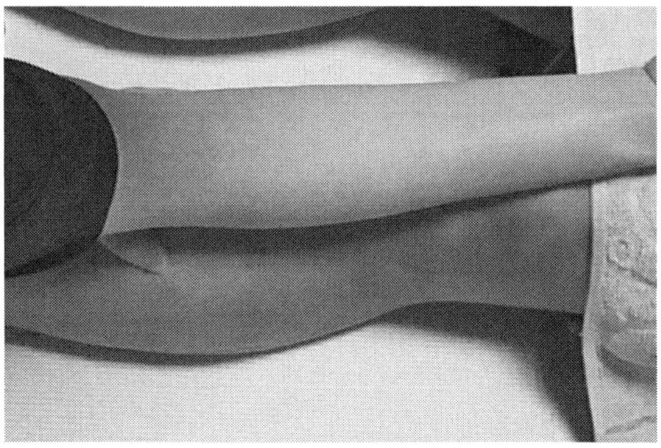

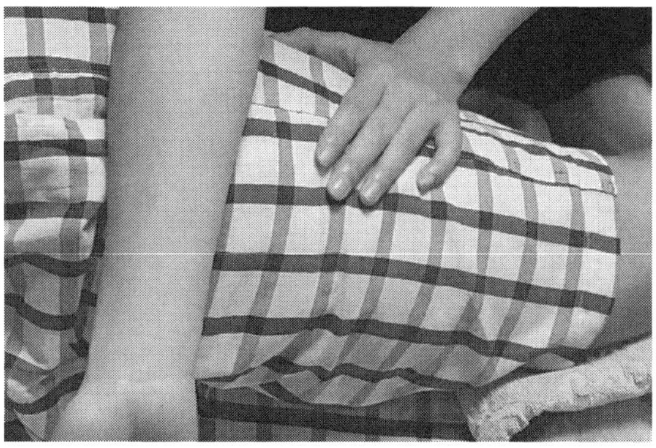

❷ 후면관리

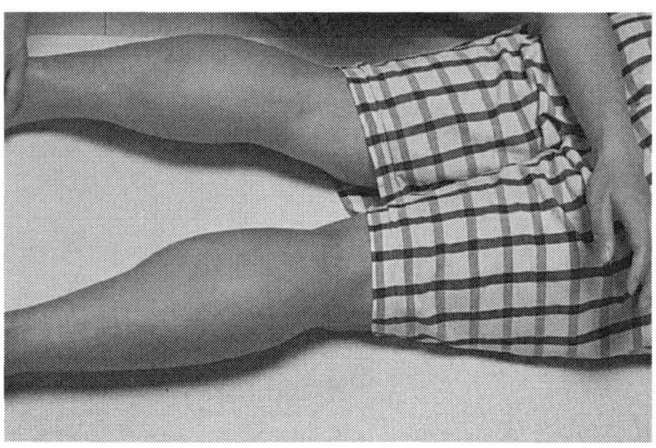

절취선을 따라 잘라서 사용하세요!

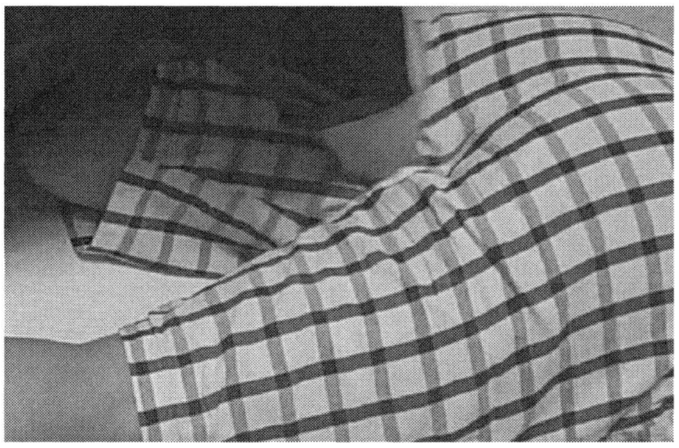

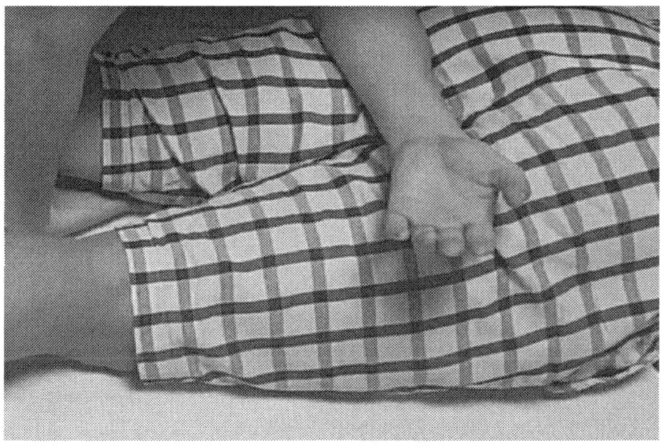

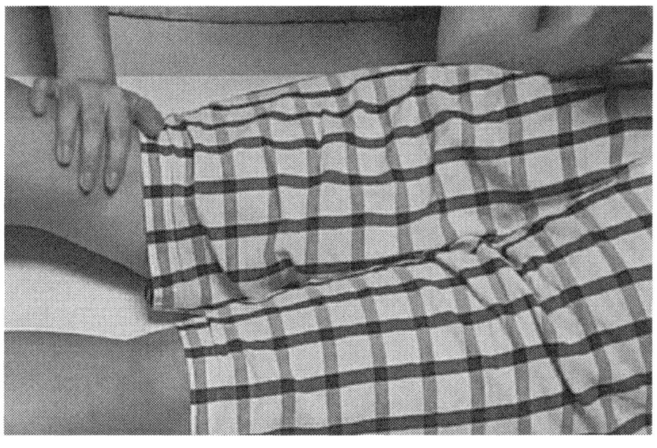

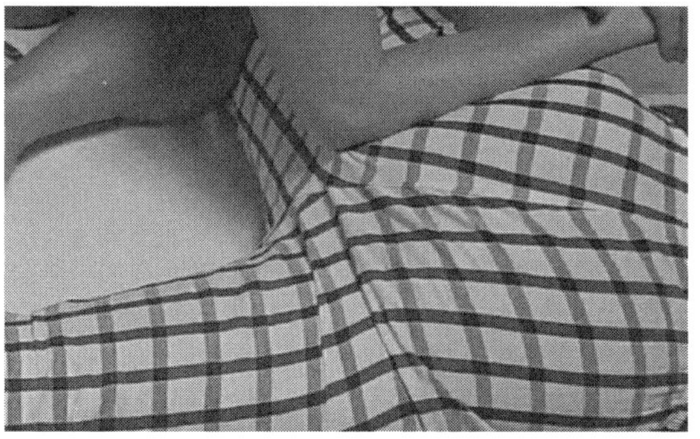

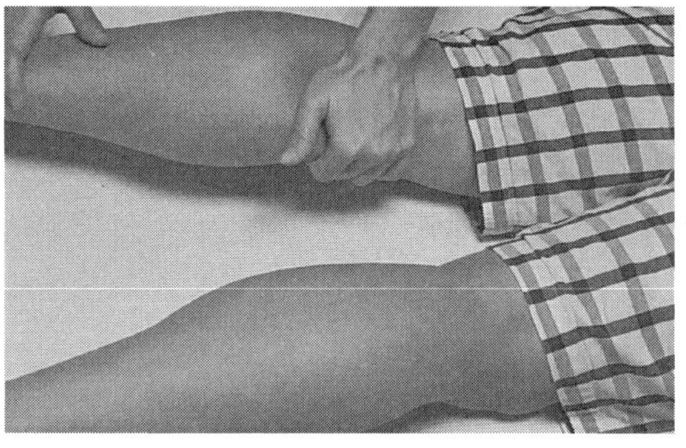

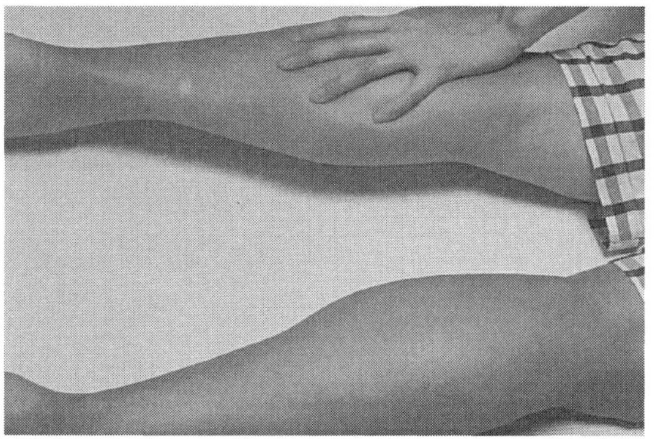

절취선을 따라 잘라서 사용하세요!

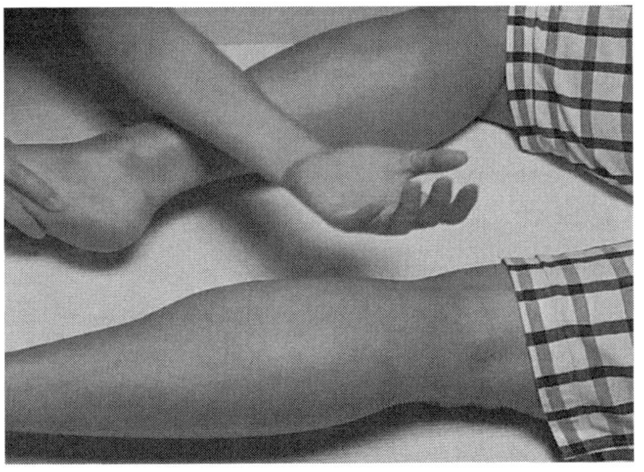

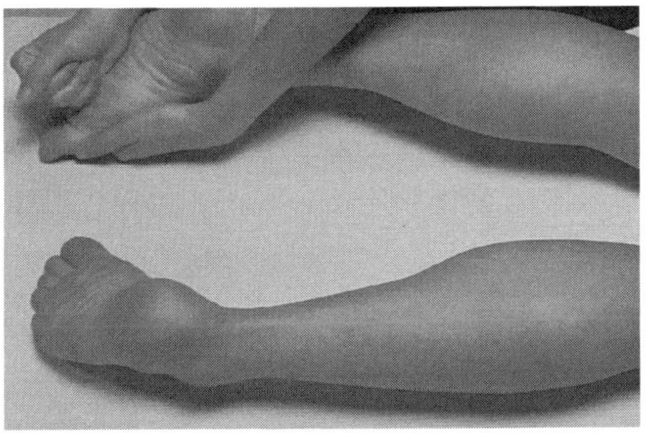

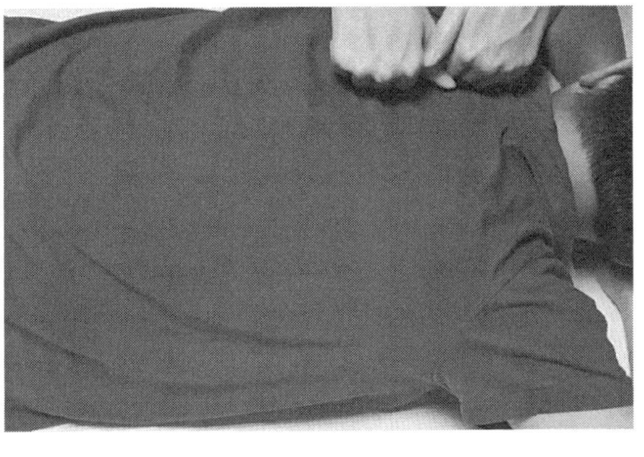

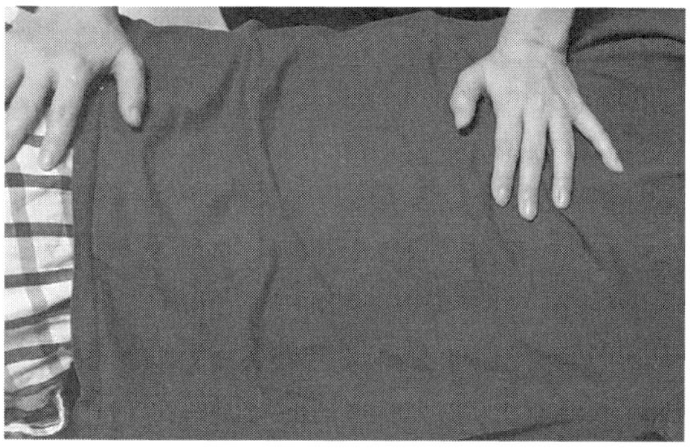

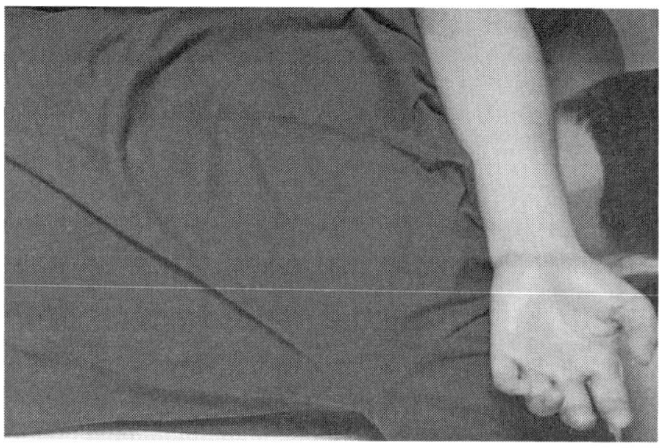

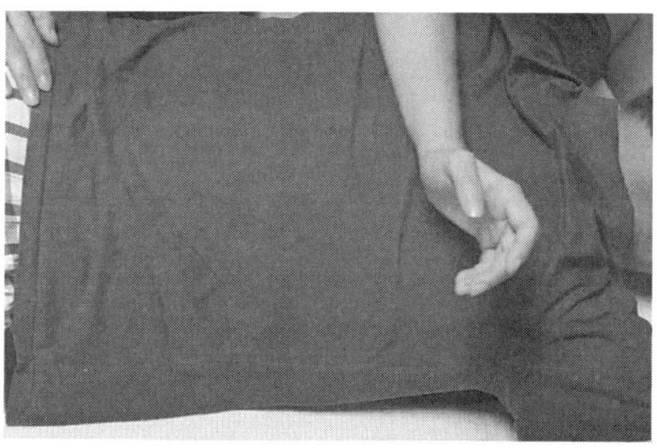

절취선을 따라 잘라서 사용하세요!

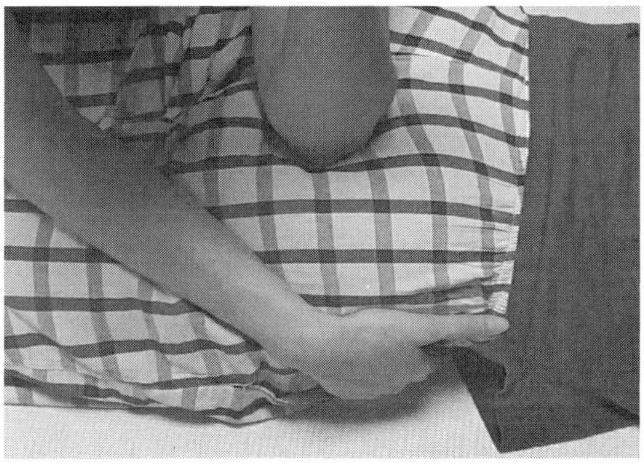

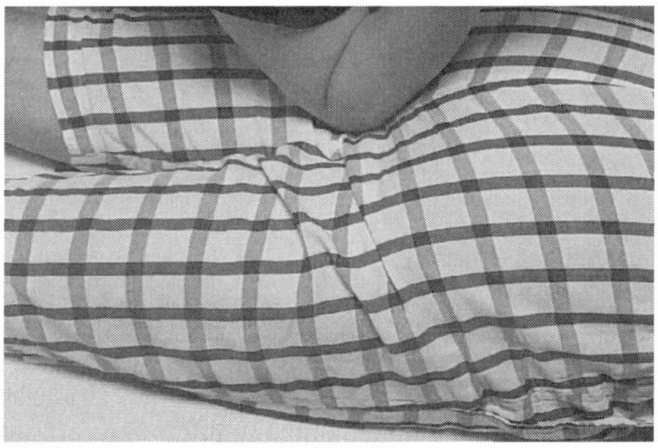

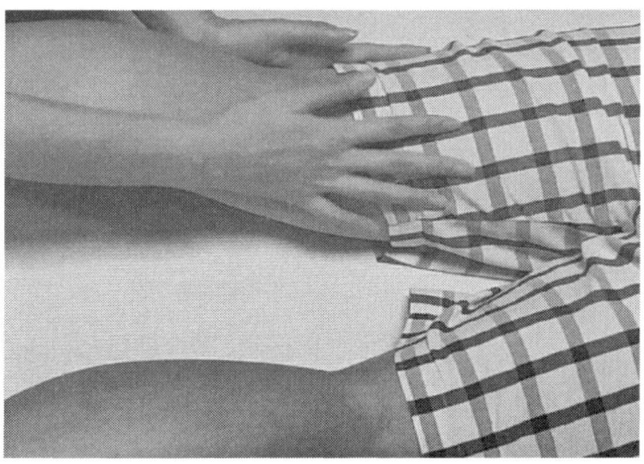

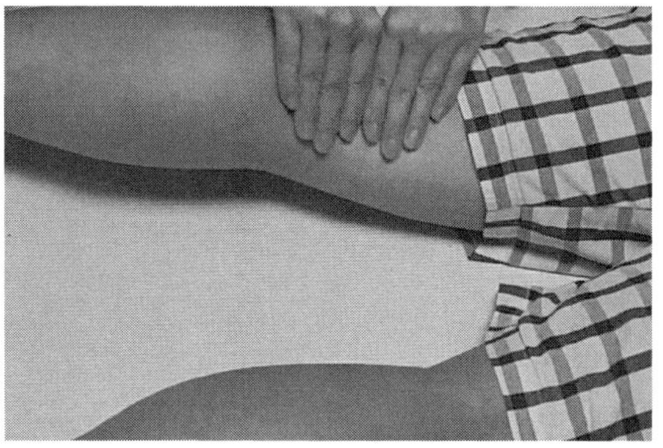

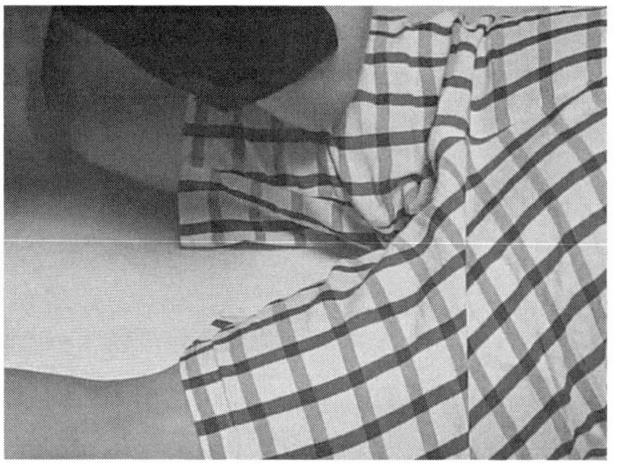

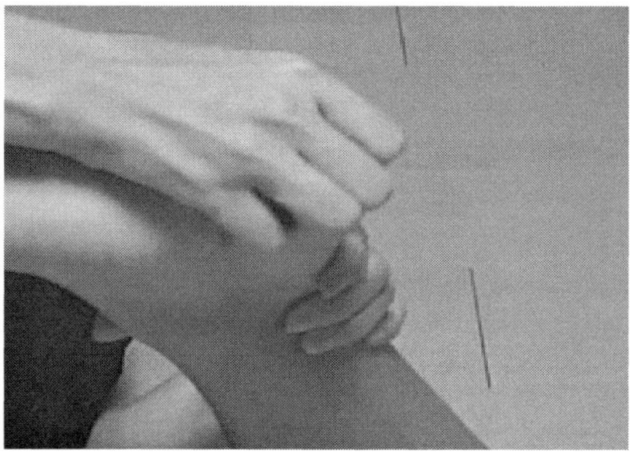

절취선을 따라 잘라서 사용하세요!

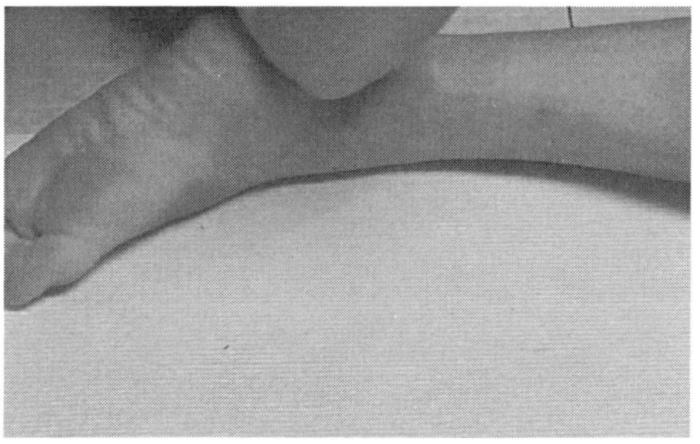

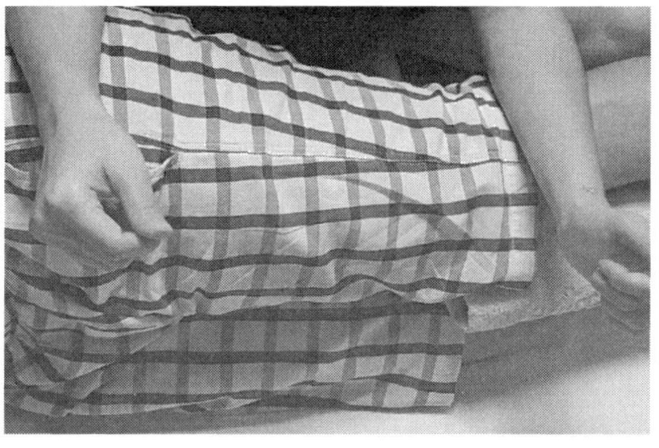

3 토너정리 및 마무리

학과		학년		반	
학번				이름	

02 X자 다리관리

1 전면관리

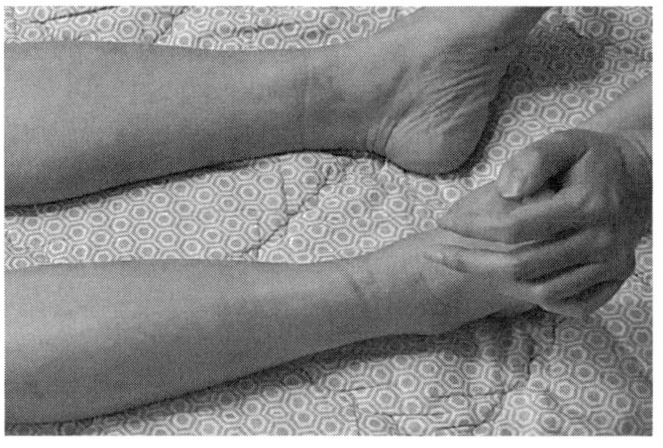

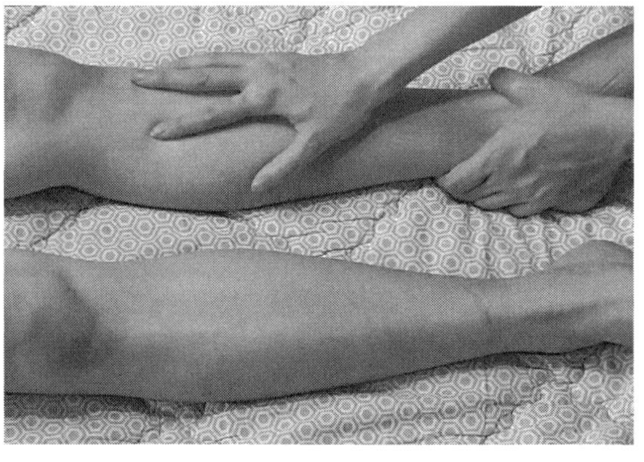

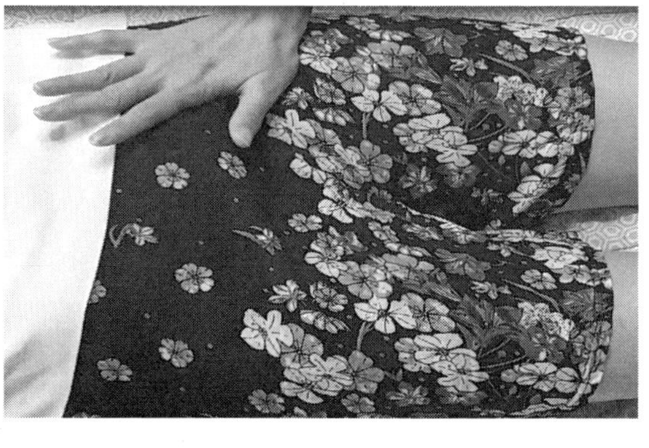

절취선을 따라 잘라서 사용하세요!

절취선을 따라 잘라서 사용하세요!

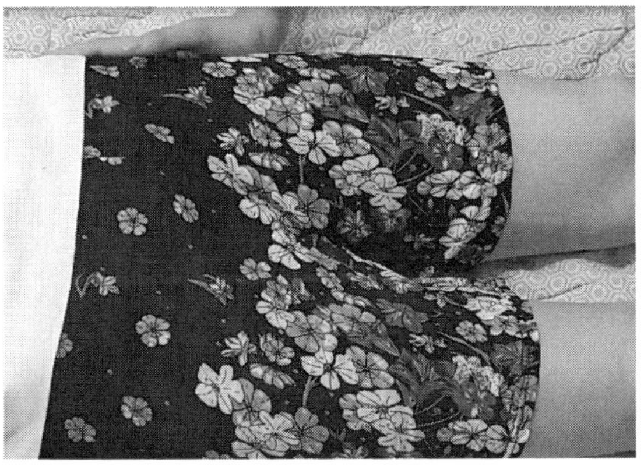

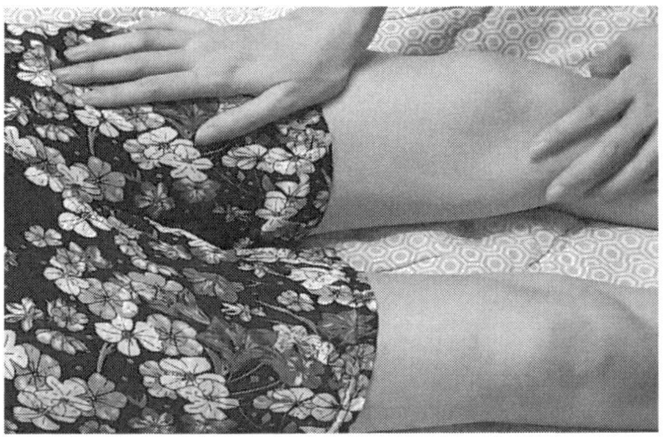

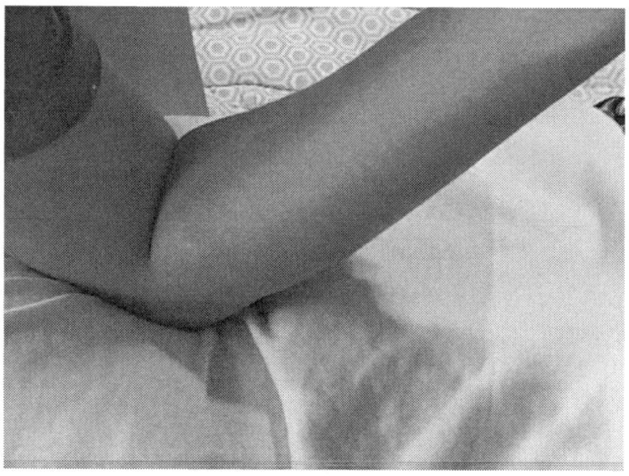

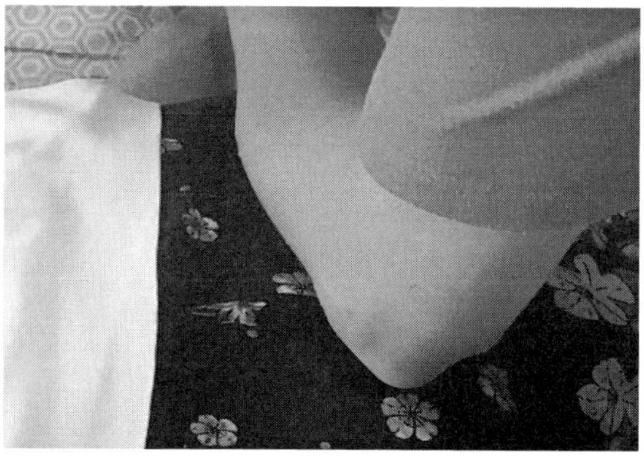

절취선을 따라 잘라서 사용하세요!

절취선을 따라 잘라서 사용하세요!

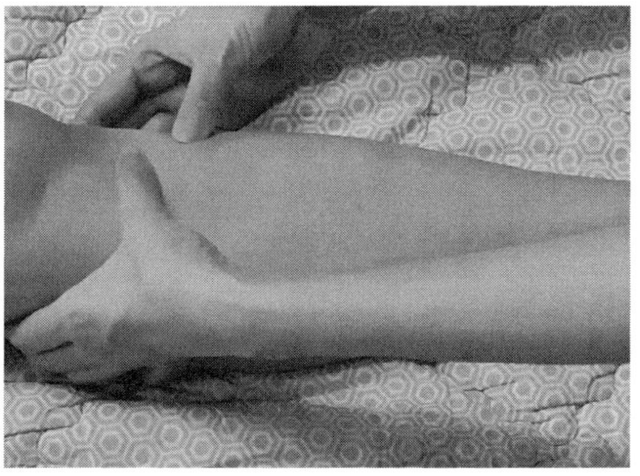

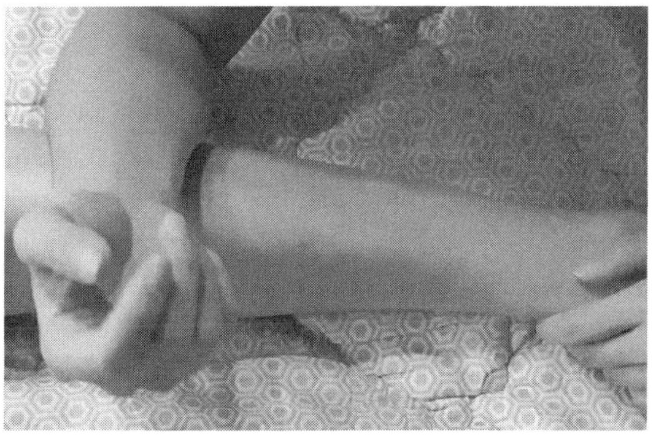

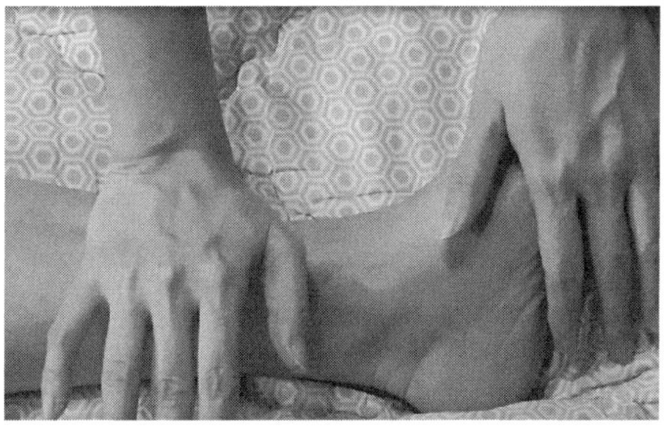

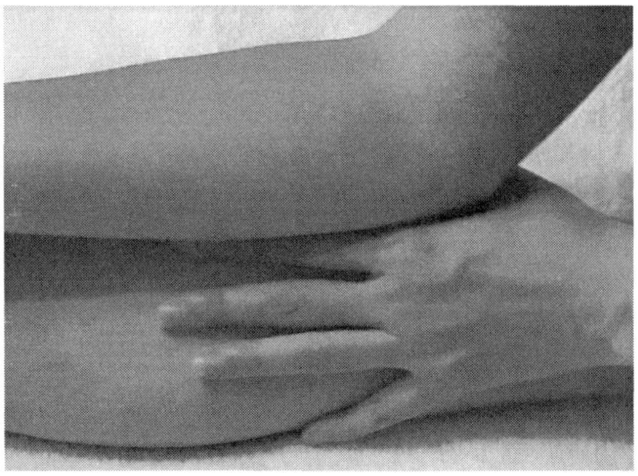

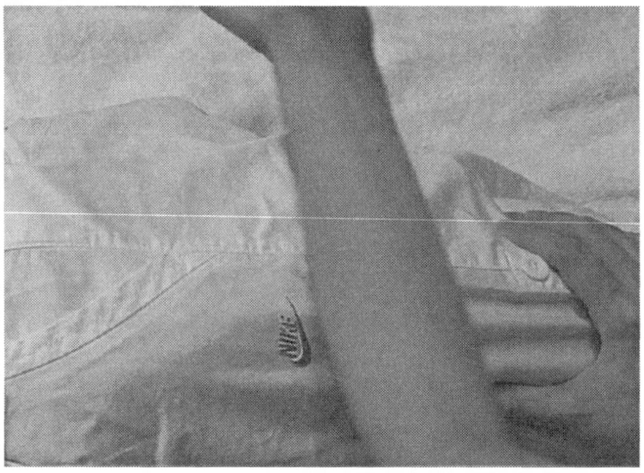

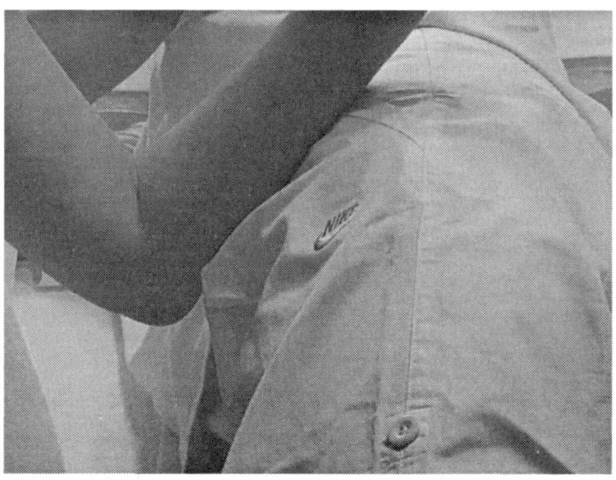

절취선을 따라 잘라서 사용하세요!

절취선을 따라 잘라서 사용하세요!

2 후면관리

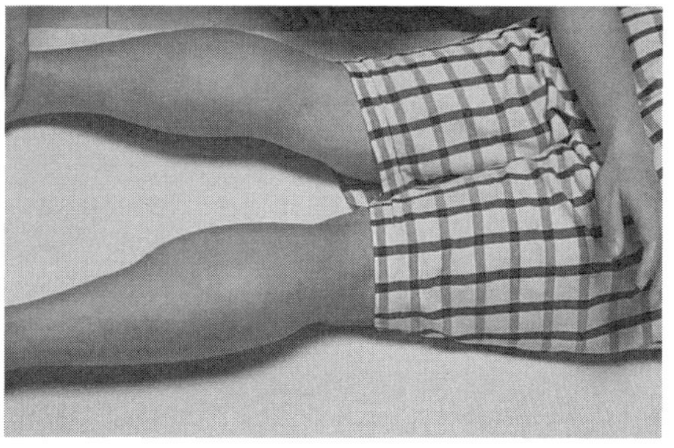

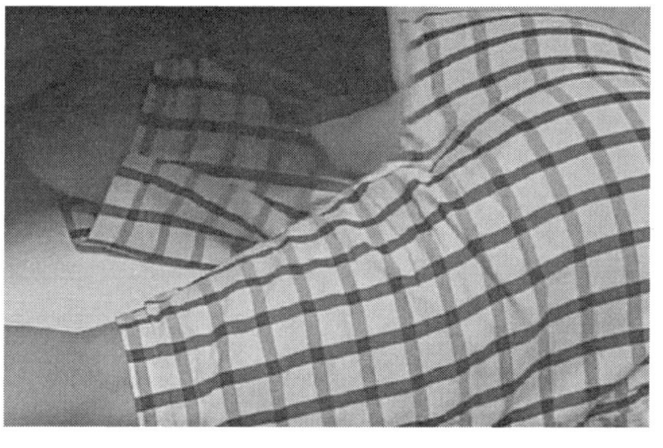

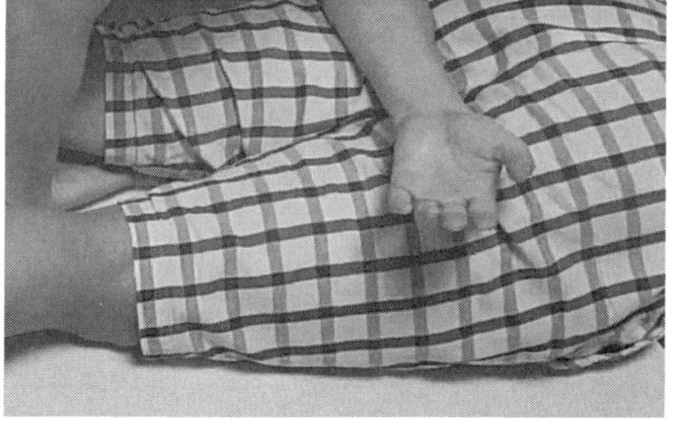

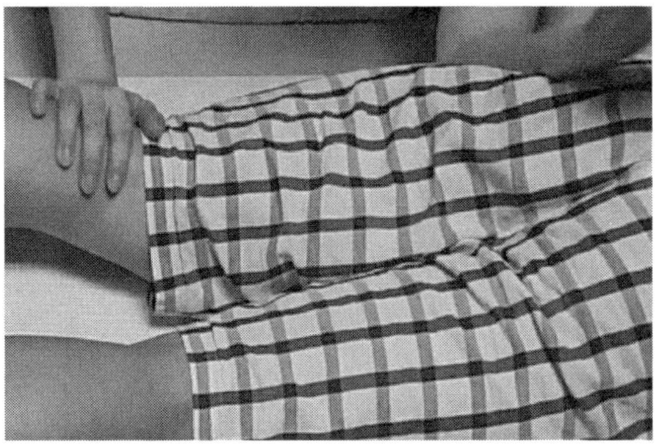

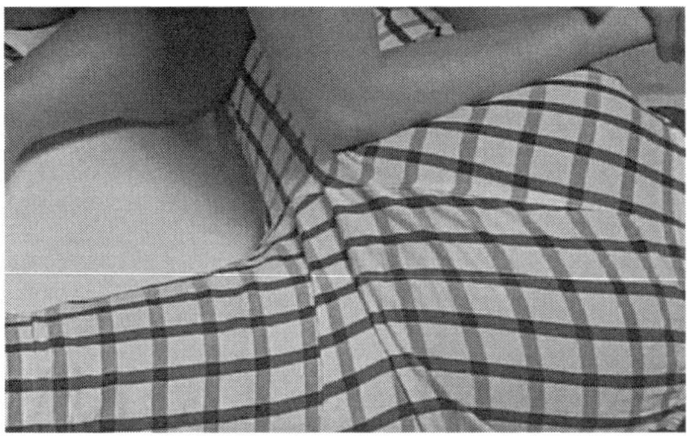

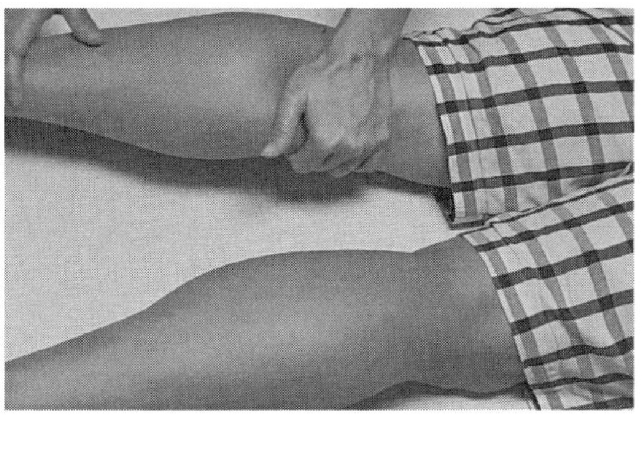

절취선을 따라 잘라서 사용하세요!

절취선을 따라 잘라서 사용하세요!

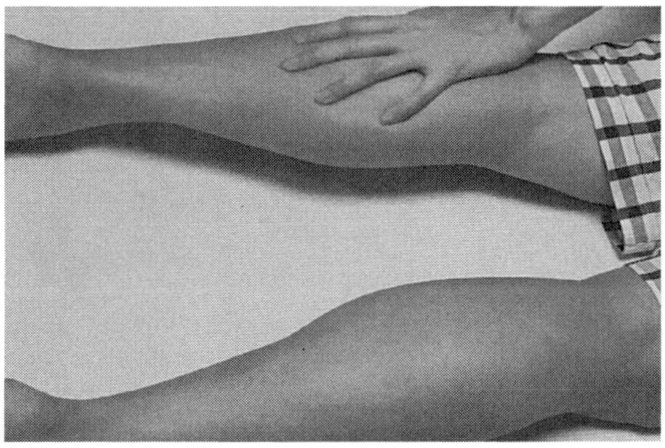

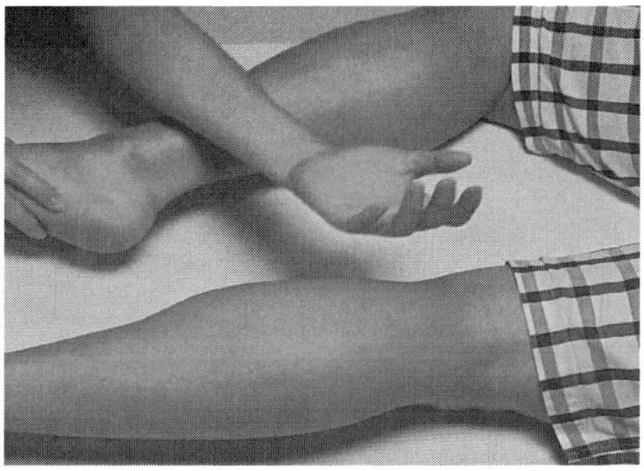

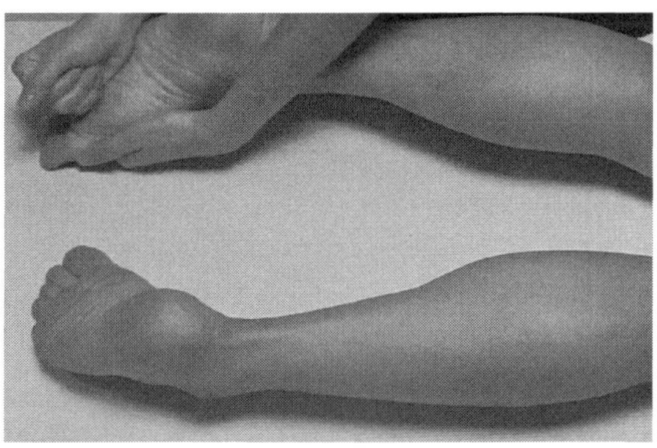

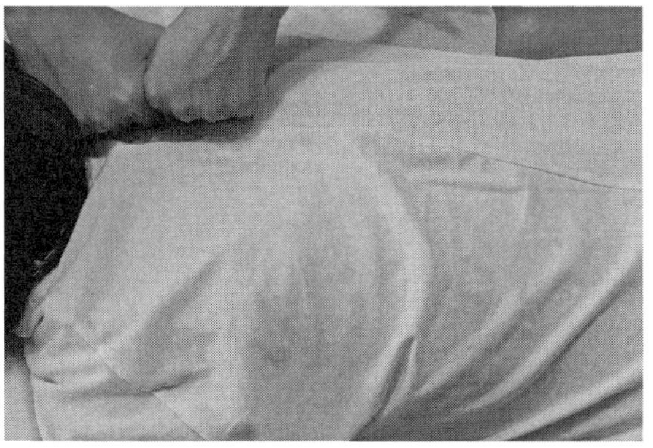

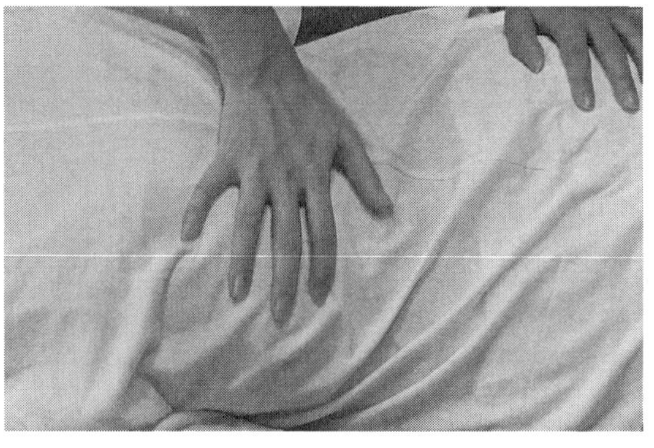

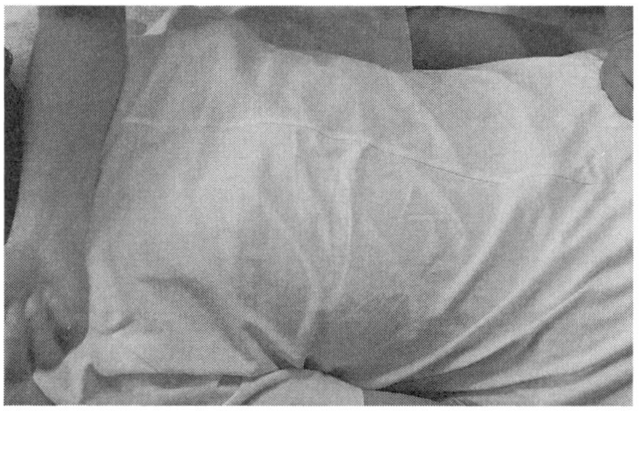

절취선을 따라 잘라서 사용하세요!

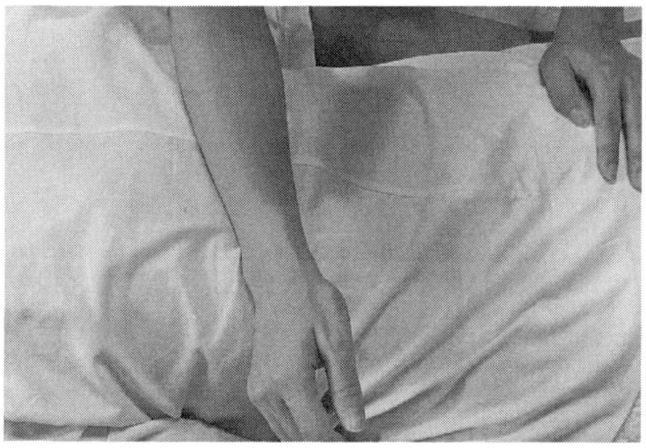

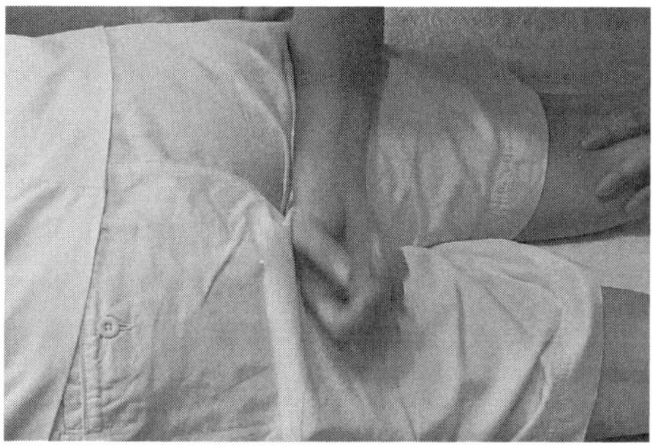

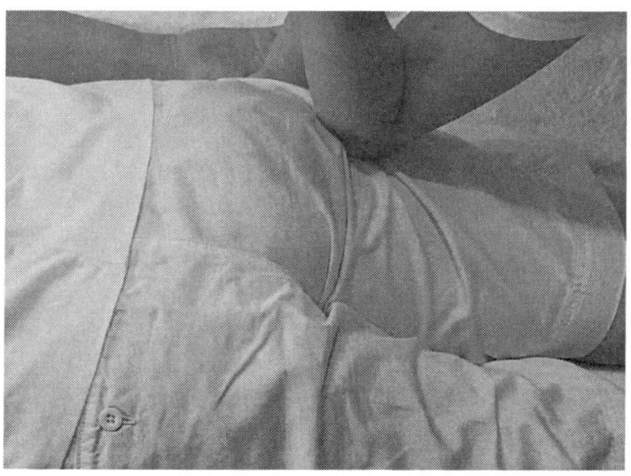

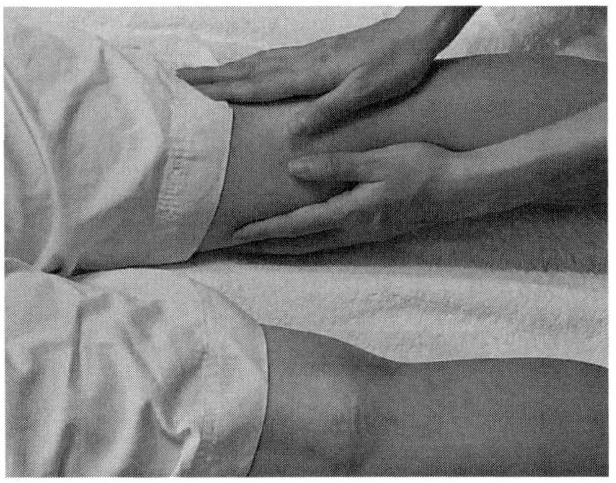

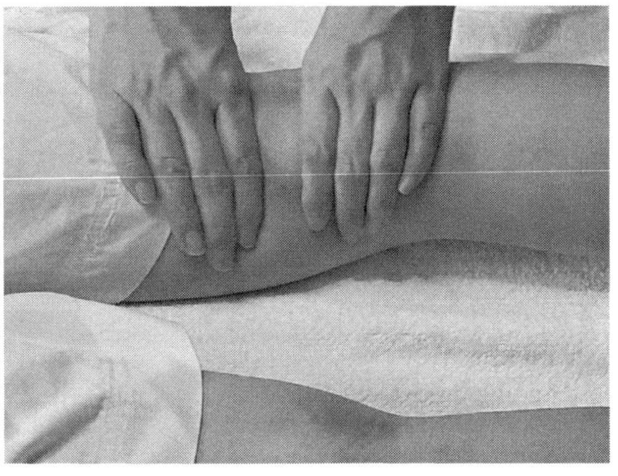

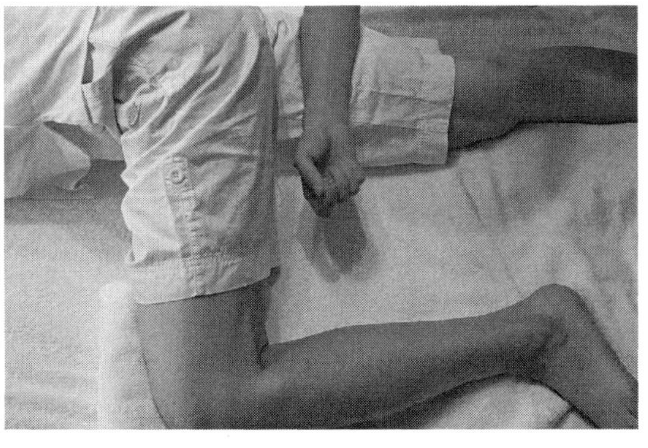

절취선을 따라 잘라서 사용하세요!

절취선을 따라 잘라서 사용하세요!

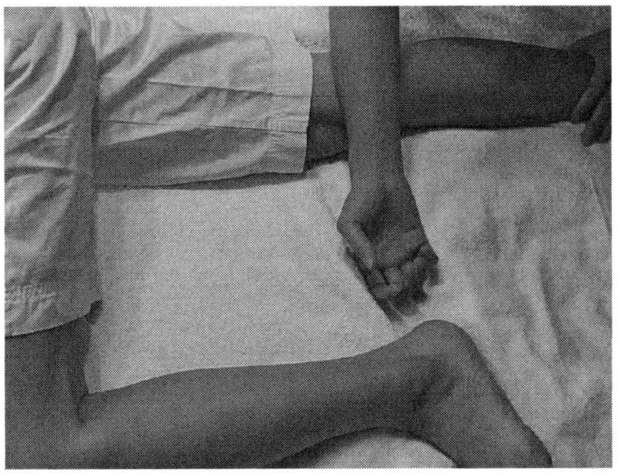

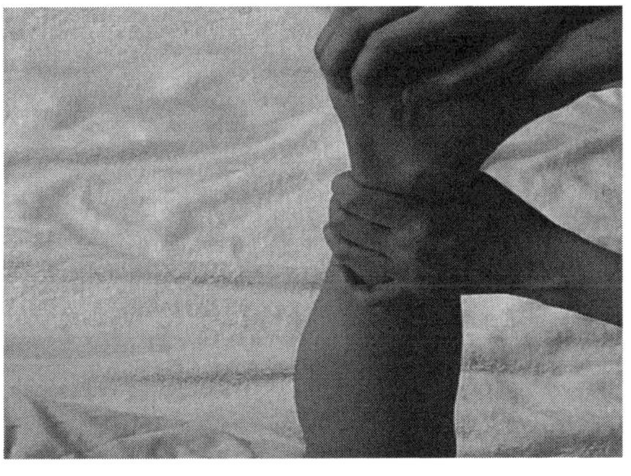

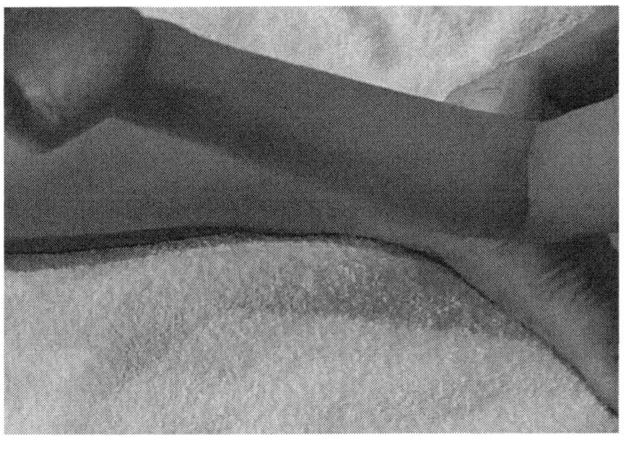

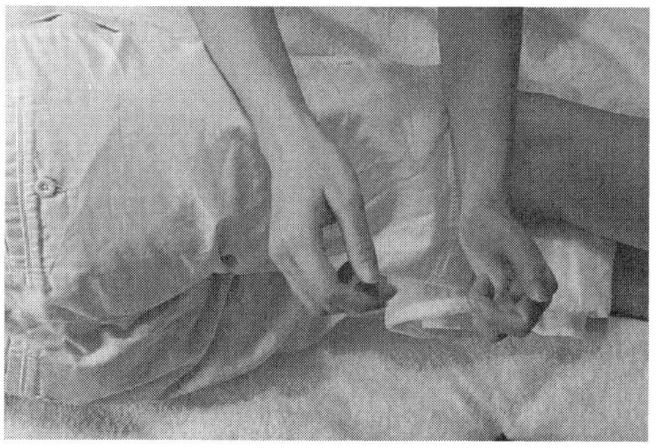

3 토너정리 및 마무리

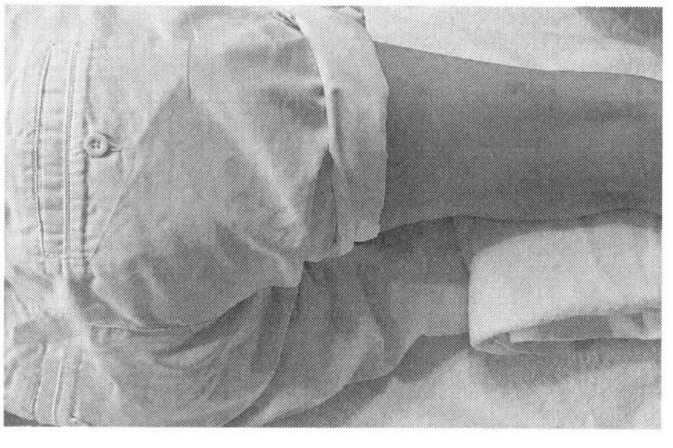

CHAPTER 06

실습서

1) O자 다리관리

2) X자 다리관리

절취선을 따라 잘라서 사용하세요!

06 실습서

학과		학년		반	
학번				이름	

01 O자 다리관리

1 전면관리

절취선을 따라 잘라서 사용하세요!

절취선을 따라 잘라서 사용하세요!

절취선을 따라 잘라서 사용하세요!

절취선을 따라 잘라서 사용하세요!

절취선을 따라 잘라서 사용하세요!

절취선을 따라 잘라서 사용하세요!

절취선을 따라 잘라서 사용하세요!

절취선을 따라 잘라서 사용하세요!

절취선을 따라 잘라서 사용하세요!

절취선을 따라 잘라서 사용하세요!

절취선을 따라 잘라서 사용하세요!

절취선을 따라 잘라서 사용하세요!

절취선을 따라 잘라서 사용하세요!

절취선을 따라 잘라서 사용하세요!

학과		학년		반	
학번				이름	

절취선을 따라 잘라서 사용하세요!

02 X자 다리관리

1 전면관리

절취선을 따라 잘라서 사용하세요!

절취선을 따라 잘라서 사용하세요!

절취선을 따라 잘라서 사용하세요!

절취선을 따라 잘라서 사용하세요!

절취선을 따라 잘라서 사용하세요!

절취선을 따라 잘라서 사용하세요!

절취선을 따라 잘라서 사용하세요!

절취선을 따라 잘라서 사용하세요!

절취선을 따라 잘라서 사용하세요!

절취선을 따라 잘라서 사용하세요!

절취선을 따라 잘라서 사용하세요!

절취선을 따라 잘라서 사용하세요!

절취선을 따라 잘라서 사용하세요!

절취선을 따라 잘라서 사용하세요!

참고 문헌

최윤경, 하병조, 김유정. 해부생리학 Anatomy and Physiology. 구민사

김광옥, 김정숙, 예춘정, 조소은, 채순님, 최정숙, 하명희. 근육학 Myology. 도서출판 성화

김기영, 김봉인, 강근영, 권혜진, 김주리, 김훈, 신규옥, 안경민, 정인경, 주은령, 최성임. 미용인을 위한 해부생리학[제2판]. 메디시언

정영태, 정경아. 최신 인체해부생리학. 청구문화사

안성구, 이승헌, 이상은, 홍승필, 김현정, 이해광, 박하나, 정세규. 피부장벽학. 여문각